JN026034

知りたい！サイエンス

齋藤勝裕＝著

化学の目で見る 気体

身近な物質のヒミツ

物体の状態の
ひとつである気体には
窒素や酸素など
空気の成分をはじめとして
多くの種類がある。
色のある気体も多くあり
虹や青空の色の理由も
気体にある。
身近過ぎて
気がつかないようなヒミツに
化学の目で迫っていく。

技術評論社

はじめに

　空気に代表される気体は身近な物です。キッチンでは天然ガス、つまりメタンガスを使って調理します。メタンガスが燃えると炭酸ガス、二酸化炭素になります。

　気体にもちゃんと重さがあります。22Lのメタンガスは16gですが、二酸化炭素は3倍近い44gもあります。同じ体積の空気は29gほどですから、キッチンでメタンガスが漏れると天井に行きます。しかし、ドライアイスが融けて（昇華して）二酸化炭素になると床に溜まります。一般の気体は眼に見えませんが、塩素ガスは淡緑色、臭素ガスは赤い色をしています

　このように気体には思わぬ性質があります。本書はそのような気体の性質を解りやすく解説したものです。気楽にお楽しみください。

令和2年8月　齋藤勝裕

目次

第3章 宇宙の気体 55

第 1 章

空気、気体とはなにか

1-1

空気の成分

　空気は様々な気体の混合物です。空気の体積の78%は窒素ガスN_2であり、21%は酸素ガスO_2です。3番目に多いのは希ガス元素の一種であるアルゴンArであり、ここまではただ一種類の元素からできた単体ですが、4番目は化合物の二酸化炭素CO_2となります。しかし、5番目、6番目はそれぞれネオン、ヘリウムという希ガス元素であり、意外と希ガス元素が上位に食い込んでいることが分かります。

元素と周期表

　地球上の自然界には物質を構成する成分である元素がおよそ90種類存在しますが、各元素は互いに異る固有の性質を持っています。しかし、中には互いに似通った性質を持った元素もあります。元素のこのような性質をわかりやすく表した表があり、それを周期表といいます。

□ 非金属元素

周期＼族	1	2	3	4	5	6	7	8	9	10	11	12	13	14	15	16	17	18
1	H 水素																	He ヘリウム
2	Li リチウム	Be ベリリウム											B ホウ素	C 炭素	N 窒素	O 酸素	F フッ素	Ne ネオン
3	Na ナトリウム	Mg マグネシウム											Al アルミニウム	Si ケイ素	P リン	S 硫黄	Cl 塩素	Ar アルゴン
4	K カリウム	Ca カルシウム	Sc スカンジウム	Ti チタン	V バナジウム	Cr クロム	Mn マンガン	Fe 鉄	Co コバルト	Ni ニッケル	Cu 銅	Zn 亜鉛	Ga ガリウム	Ge ゲルマニウム	As ヒ素	Se セレン	Br 臭素	Kr クリプトン
5	Rb ルビジウム	Sr ストロンチウム	Y イットリウム	Zr ジルコニウム	Nb ニオブ	Mo モリブデン	Tc テクネチウム	Ru ルテニウム	Rh ロジウム	Pd パラジウム	Ag 銀	Cd カドミウム	In インジウム	Sn スズ	Sb アンチモン	Te テルル	I ヨウ素	Xe キセノン
6	Cs セシウム	Ba バリウム	ランタノイド	Hf ハフニウム	Ta タンタル	W タングステン	Re レニウム	Os オスミウム	Ir イリジウム	Pt 白金	Au 金	Hg 水銀	Tl タリウム	Pb 鉛	Bi ビスマス	Po ポロニウム	At アスタチン	Rn ラドン
7	Fr フランシウム	Ra ラジウム	アクチノイド	Rf ラザホージウム	Db ドブニウム	Sg シーボーギウム	Bh ボーリウム	Hs ハッシウム	Mt マイトネリウム	DS ダームスタチウム	Rg レントゲニウム	Cn コペルニシウム	Nh ニホニウム	Fl フレロビウム	Mc モスコビウム	Lv リバモリウム	Ts テネシン	Og オガネソン

ランタノイド	La ランタン	Ce セリウム	Pr プラセオジム	Nd ネオジム	Pm プロメチウム	Sm サマリウム	Eu ユウロピウム	Gd ガドリニウム	Tb テルビウム	Dy ジスプロシウム	Ho ホルミウム	Er エルビウム	Tm ツリウム	Yb イッテルビウム	Lu ルテチウム
アクチノイド	Ac アクチニウム	Th トリウム	Pa プロトアクチニウム	U ウラン	Np ネプツニウム	Pu プルトニウム	Am アメリシウム	Cm キュリウム	Bk バークリウム	Cf カリホルニウム	Es アインスタイニウ	Fm フェルミウム	Md メンデレビウム	No ノーベリウ	Lr ローレンシウム

図1-1　周期表

族

周期表で縦に並ぶ元素は互いに似た性質を持ちます。図1-1の周期表を見てください。表の一番上に左から1、2、3、・・・18の数字が振ってあります。

これを族番号といい、1の下に並ぶH、Li、Naなどの元素を1族元素、18の下の元素を18族元素などと呼びます。この「族」はカレンダーの「曜日」と同じような意味を持ち、例え何日でも学校や仕事が始まる月曜日は少し憂鬱で、金曜日は少しワクワクするように、同じ族の元素は互いに似た性質を持ちます。

周期

表の左端には上から1、2、・・・7と数字が並びますがこれは周期

番号と呼ばれ、この数字が大きくなると原子の直径が大きくなり、質量（重さ）が大きくなります。

　周期表は元素の性質を端的に表しています。周期表の左下、つまり白地の元素は金属元素であり、水銀Hgという例外を除いて全て室温で固体です。それに対して左上の水素Hを例外として、周期表の右上に纏まった元素は金属でない非金属元素です。

気体元素

　空気を構成する気体元素は全て非金属元素です。つまり、水素分子H_2、窒素分子N_2、酸素分子O_2、フッ素分子F_2、塩素分子Cl_2、などです。気体元素ですから、全て小さく軽い元素と思いがちですが、18族の希ガス元素は例外であり、少なくとも原子番号86のラドンRnまでは全て気体であることが明らかになっています。

　ただし同じ18族元素でも、現在知られている最大の元素である原子番号118のオガネソンOgは人工的に作られた人工元素であり、その個数があまりに少ないことと、不安定で壊れてしまい寿命があまりに短いことから性質がよく分かっていません。

原子量と分子量

　全ての物質は質量（重さ）と体積を持ちます。原子も物質ですから質量を持ちます。原子の相対的な重さを表す数値を原子量といいます。原子量は周期表に書いてありますが、主な原子のおおよその原

子量はCの12を基準にしてH=1、N=14、O=16です。たとえば、炭素原子1個の重さは水素原子1個の重さのおよそ12倍あるということです。

原子量と同様に、分子の重さを表す数値を分子量といいます。分子量は、その「分子を構成する全ての原子の原子量の総和」と定義されています。したがって、水素分子H_2なら$1 \times 2 = 2$、酸素分子O_2なら$16 \times 2 = 32$となります。同様に水分子H_2Oなら$1 \times 2 + 16 = 18$、二酸化炭素分子CO_2なら$12 + 16 \times 2 = 44$となります。

気体にも重さがある

気体は空気に浮くので重さなどないと思うのは大きな間違いです。そもそも気体は空気に浮くとは限りません。多くの気体は空気より重いのです。

空気は単一の分子ではありませんから、「空気の分子量」というのは厳密にいうとおかしいのですが、空気を窒素分子と酸素分子の4:1混合物とすると空気の平均分子量は$(28 \times 4 + 32) \div 5 = 28.8$となり、空気の分子量はおおよそ28.8と考えることができます。

原子や分子が(原子量、分子量)gの質量を持つときの個数を1モルと呼びます。炭素原子が12gのときや酸素分子が32gの時それぞれ1モルあるというわけです。1モルの個数はすべての原子分子で同じで、およそ6×10^{23}個、つまり6のあとに0が23個もつく、とてつもない数になります。

　気体には重要な性質があります。それは同じ気圧、同じ温度であればすべての気体は同じ体積を持つということです。つまり1モルの気体は、気体の種類に関係なく1気圧0℃で全て同じ体積（22.4L）となります。つまり、22.4Lの水素ガス（H_2）は2g、22.4Lの酸素ガス（O_2）は32gとなります。同様に22.4Lの空気の重さは28.8gということになります。

　以上のことから、気体の分子量を比べれば、その気体が空気より軽いか、重いかがわかることになります。

　空気より軽い気体、つまり水素、ヘリウム、メタン（都市ガス）CH_4、アンモニアNH_3などを詰めた風船は空に舞い上がることになります。反対にプロパンガスC_3H_8（分子量44）、二酸化炭素CO_2（分子量44）、ブタンガス（ライターの燃料）C_4H_{10}（分子量58）などを詰めた風船は下に落ちることになります。

色がついた気体

　多くの気体は無色透明です。もちろん、空気は無色透明です。しかし、中には色を持った気体もありますし、濃度が濃くなると透明でなくなる気体もあります。

　ドライアイスは二酸化炭素の固体ですから、融ける（昇華する）と二酸化炭素の気体になります。通常この時、白い霧のような物が発生しますがこれは二酸化炭素の気体ではありません。発生したばかり

で低温の二酸化炭素に冷やされた空気中の水蒸気（無色透明）が液化（凝縮）してできた細かい水滴が霧になったものです。ヤカンの口から出る白い湯気も気体（水蒸気）ではありません。霧と同じ水滴です。

　しかし、明らかに色のついた気体もあります。一般家庭にはありませんが、ヨウ素I_2は赤褐色の固体です。これから立ち上るヨウ素の気体も同じように赤褐色です。色が濃いので、瓶の中で気化した場合には瓶を透かして外界を見ることができないほどの濃さになります。

　また、臭素Br_2の気体は褐色、塩素Cl_2は淡緑色、フッ素F_2は淡黄色をしています。しかしどれも猛毒ですから、専門家以外は目にすることはありません。複数の原子からなる化合物の気体では二酸化窒素NO_2が赤褐色であることが知られています。

1-2

エネルギーの源酸素

　酸素O_2は体積で空気の1/5を占めます。反応性が強く、多くの原子や分子と反応して酸化物をつくります。動物の殆どは酸素を使った呼吸作用によって生命活動のためのエネルギーを得ています。つまり、酸素無しに生きてゆくことは不可能なのです。

地中にもたくさんある酸素

　酸素は通常の温度と気圧では気体ですが、冷やせば液体の液体酸素、固体の固体酸素となります。固体から液体となる温度である融点は-218℃、液体から気体となる温度である沸点は-183℃です。

　酸素は空気中では窒素に次いで二番目の存在量です。ところが地殻を構成する元素の重さのおよそ50%は酸素であり、ダントツの1番です。ちなみに、2番はケイ素Si（26%）、3番はアルミニウムAl（8%）、4番が鉄Fe（5%）、5番がカルシウムCa（3%）です。

　酸素が多いのは、地殻を構成する元素の多くが二酸化ケイ素SiO_2、酸化アルミニウム（アルミナ）Al_2O_3、酸化鉄Fe_2O_3などのような酸化物になっているからです。

　自然界では植物が光合成によって二酸化炭素と水を原料とし、太陽

光の光エネルギーを用いて糖とともに酸素を発生してくれます。工業的には空気を冷却して液体空気とし、それを沸点の違いで分ける（分留する）ことによって酸素を得ます。

主な酸素を含む化合物

酸素の化合物は一般に酸化物といわれます。

酸性酸化物と塩基性酸化物

一般に金属の酸化物は水に溶けると塩基（アルカリ、OH^-を放出する物質）になるので塩基性酸化物、非金属の酸化物は水に溶けると酸（H^+を出す物質）になるので酸性酸化物といわれます。

植物はカリウムK（植物の三大栄養素）やカルシウムCaなどの金属を含むので、燃えカスの灰にはこれらの炭酸塩K_2CO_3や塩基性酸化物であるCaOなどが入っています。そのため灰の水溶液（灰汁、あく）にはKOHや$Ca(OH)_2$のような塩基が溶けるため、塩基性となります。

このような塩基性の溶液に植物を漬けると、植物に含まれる有害成分や有毒成分が加水分解されて除かれ、無毒になります。これを昔からアク抜きといっています

オゾン

酸素分子O_2は2個の酸素原子でできていますが、酸素原子3個か

らできた分子があります。それがオゾンO_3です。先に見たようにオゾンは地上20〜25kmの成層圏に層をつくって存在するので、この層はオゾン層と呼ばれます。

　地球には宇宙から宇宙線と呼ばれる高エネルギーで危険な放射線が降り注いでいます。これを直接浴びたら全ての生物は死に絶えるといわれています。この宇宙線を遮ってくれるのがオゾン層なのです。ところが、このオゾン層に穴が空いているのが発見されました。これがオゾンホールです（第3章）。

酸化・還元反応

　化学反応には多くの種類がありますが、中でも重要なのが酸化還元反応です。身の回りでも様々な酸化還元反応が起こっています。ここでは酸素の関与するものだけに限定して見てみましょう。

　ある元素が酸素と結合したとき、その元素は酸化されたといいます。反対にある分子から酸素が取り除かれたとき、その分子は還元されたといいます。また、相手に酸素を与える物質を酸化剤、相手から酸素を奪う物質を還元剤といいます。

　酸化反応と還元反応は常に対になって起こります。したがって現象としては一つなのですが、反応物質のどちらに注目するかによって酸化反応と見ることもでき、還元反応と見ることもできるのです。AからBへと酸素を渡す反応を考えると、Aは酸素を失っているので還元

されており、Bは酸素をもらっているので酸化されていると考えることができるというわけです。

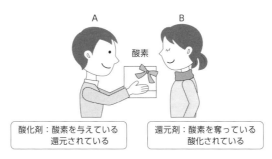

図1-2　酸化のイメージ図

燃焼エネルギー

燃焼は急激な酸化反応と考えることもできます。炭素と酸素が反応(燃焼)すると熱(燃焼熱、反応エネルギー)が発生します。これはなぜでしょう?

原子、分子はそれぞれ固有のエネルギーを持っています。これを特に内部エネルギーといいます。炭素Cも、酸素O_2も、また、その酸化反応の結果生じる二酸化炭素CO_2も同様に内部エネルギーを持っています。

反応のスタート($C+O_2$)とゴール(CO_2)の内部エネルギーの和を比べると(図1-3)、ゴールのほうが低エネルギーになります。このとき、エネルギー関係は、高いところ(スタート)から地上(ゴール)に

飛び降りるのと同じように考えられます。

　高いところから降りた場合、余分なエネルギーが放出され、それで音や振動などが出ます。燃焼の場合にはこのエネルギーが熱となって周りを暖め、光となって周りを照らすのです。

　このように化学反応に伴って発生するエネルギーを一般に反応エネルギーといい、燃焼（反応）に伴って発生するものを特に燃焼エネルギーといいます。

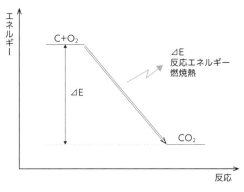

図1-3　エネルギーの関係

呼吸のしくみ

　普段当然のように行っている呼吸も化学反応で考えることができます。呼吸は大きく分けて2つの過程に分けることができます。肺で吸った空気中の酸素を細胞に運搬する過程と細胞に運搬された酸素で養分を酸化し、二酸化炭素と水にし、エネルギーを発生する過程です。

酸素運搬

　肺に来た酸素は酸素運搬物質であるヘモグロビンという分子と出会います。ヘモグロビン分子の大部分はタンパク質分子ですが、それに囲まれるようにして小さなヘムという分子があります。ヘムはポルフィリンという環状有機分子と、その中に入っている鉄イオンからできています。

　酸素分子はこの鉄イオンと一時的に結合します。このようにして酸素を担ったヘモグロビンは血流に乗って細胞に行きます。そして細胞に酸素を渡します。酸素を外したヘモグロビンは血流に乗って肺に戻ります。この様なサイクルを繰り返すことによって酸素を肺から細胞に運搬するのです。

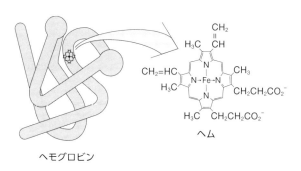

ヘモグロビン　　ヘム

図1-4　ヘモグロビンとヘム

酸化作用

栄養分を酸化してエネルギーを生産する過程は代謝ともいわれま

す。この過程は上で見た燃焼エネルギーを発生する過程そのもので
す。炭素を栄養分（糖）に置き換えて考えれば良いだけです。

　このようにして発生したエネルギーで生物は生命活動のためのエネ
ルギーを獲得しているのです。これは植物も同じです。つまり、光合
成によって二酸化炭素と水から栄養分（糖類）を作り、呼吸作用によっ
て糖類を酸化して二酸化炭素と水にしているのです。しかし、全体と
してみれば光合成の方がはるかに活発なので、植物は酸素を発生す
るといわれるのです。

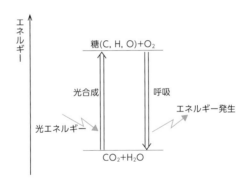

図1-5　植物の光合成と呼吸

1-3

身近な窒素と珍しい?アルゴン

　窒素は体積で空気の80%を占める気体です。植物の成長に重要な元素であり、動物の体を作るタンパク質の主要な構成元素です。

身近で重要な窒素

　窒素N_2は、沸点-196℃、融点-210℃の気体です。沸点はヘリウムの-269℃ほど低くはありませんが、実験室でものを冷やす際などによく使われます。柔らかいバナナも液体窒素で凍らせれば金槌のように硬くなります。

　窒素は石炭、石油などの化石燃料にも含まれ、燃焼して各種の窒素酸化物を与えますが、それらはまとめてNOx(ノックス)と呼ばれます。NOxは酸性雨や光化学スモッグの原因物質とされています。

　一方、窒素はカリウムK、リンPとならんで植物の三大肥料の一つであり、人類の食料である野菜や穀物を得るためには欠かせないものです。

　空気を冷却して得た液体空気を気体に戻すと、酸素(沸点-183℃)より沸点の低い窒素が先に気体になるので、それを集めれば窒素が得られます。このように液体を沸点の違いによってわけることを分留といいます。

食料のために重要なアンモニア

　気体の窒素は、そのままの形では化学反応に利用できません。アンモニアNH_3などの化合物に変化させる必要があり、それを空中窒素の固定といいます。自然界ではマメ科の植物などが空中窒素の固定を行っていますが、それを人工的に行うのがハーバー・ボッシュ法です。

　これはドイツの化学者ハーバーとボッシュによって20世紀初頭に開発されたものです。空気から得た窒素と、水を電気分解して得た水素H_2を原料にし、鉄を主成分とした触媒を用いて500℃、約300気圧という過酷な条件下で一気にアンモニアを合成します。

　アンモニアさえできれば、それを酸化して硝酸HNO_3にするのは容易です。硝酸とアンモニアを反応すれば一般に硝安と呼ばれる硝酸アンモニウムNH_4NO_3、硫安と呼ばれる硫酸アンモニウム$(NH_4)_2SO_4$などの化学肥料になります。

　現在地球上には77億の人類が住んでいますが、これだけの人類が食料を得ることが出来るのは化学肥料と農薬のおかげといっても過言ではなないでしょう。特に窒素肥料の貢献は大きいものがあります。

　この様に大きな意味を持つ空中窒素の固定法を開発した功績によって、ハーバーは1912年に、ボッシュは1931年に共にノーベル化学賞を受賞しました。

窒素から作られる爆薬

しかし、空中窒素固定の結果は食糧増産という明るい話だけではありませんでした。空中窒素の固定によって、ほぼ無尽蔵に作ることが可能になった硝酸は爆薬の原料でもあったのです。

昔ながらの爆薬である黒色火薬は木炭（炭素）C、硫黄Sと硝石（硝酸カリウム）KNO_3を混ぜた物です。爆弾の主原料であり、爆発力の尺度にも使われるトリニトロトルエンTNTはトルエンに硝酸を作用させた物ですし、ダイナマイトの原料であるニトログリセリンは油脂の分解生成物であるグリセリンと硝酸を反応したものです。

硝石は、昔は尿を原料として作ったもので貴重品であり、硝石が無くなったら戦争を続けることはできず、停戦協定が結ばれたものでした。しかし空中窒素の固定が完成した後は、爆薬は無尽蔵に作ることができます。

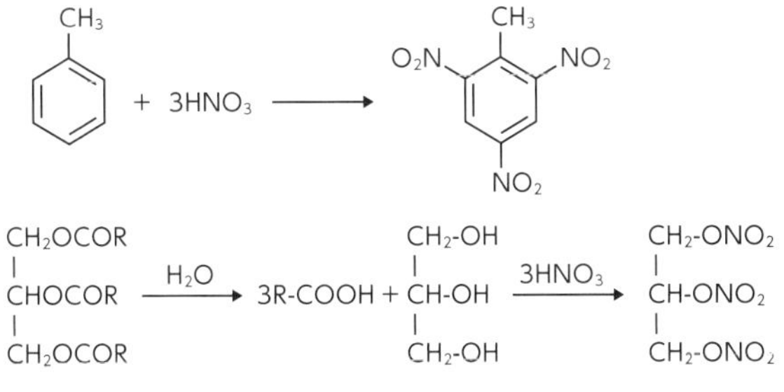

図1-6　爆薬の合成

アルゴン

　アルゴンは希ガス元素の一員であり、反応性に乏しい元素です。空気中に1%ほどの濃度で存在します。周期表の18族、希ガス元素に属するアルゴンは非常に安定な元素であり、イオンになることも無く、反応もほとんどしません。そのため、化学的な用途はほとんどありません。白熱電灯など各種の電灯の封入ガスに用いられる程度です。最近ではアルゴンを利用したレーザーが医療などに使われています。

━━ Column

レーザー

　レーザーは光ですが普通の光とは少し違います。それはエネルギーの揃った強力な光ということです。エネルギーが揃ったということは光を構成する全ての光子の波長（第5章参照）が揃っているということであり、強力というのは光子の個数が多いということです。レーザーを発するには多くの原子を高エネルギー状態にしてためておき、そこに刺激を与えて一気に発振させます。

　レーザー光を発する原子や分子はいろいろありますが、気体を用いる物を気体レーザーといいます。そのような気体としてよく使われるのがネオン、アルゴン、二酸化炭素などです。

1-4

二酸化炭素は人類の敵か見方か？

二酸化炭素CO_2は融点-56.6℃（5.2気圧）、昇華点-78℃（1気圧）の無色無臭の気体です。二酸化炭素の固体は一般にはドライアイスとして、アイスクリームなどを冷やす冷媒として知られています。

身近でも危険な二酸化炭素

一酸化炭素は猛毒として知られていますが、二酸化炭素は無毒と思われることが多いようです。しかし、それは誤解です。空気中の二酸化炭素濃度が高くなると、人間は危険な状態に置かれます。

二酸化炭素の濃度が3～4％を超えると頭痛・めまい・吐き気などを催し、7％を超えると数分で意識を失います。その後は窒息して命を失うことになります。

自動車などの狭い空間に大量のドライアイスを置くことは危険です。しかも二酸化炭素の分子量は44で空気の28.8より大きく、重いです。ということは車内で発生した二酸化炭素は乗客の足元から溜まってゆきます。大人は何ともなくとも、膝の上で眠る赤ちゃんは危険な可能性があります。注意に越したことはありません。

19

二酸化炭素と地球温暖化

　化石燃料を燃やすと二酸化炭素が発生し、地球温暖化が進行するといいます。地球には太陽熱が降り注ぎますが、その熱は宇宙空間に放出され、地球に溜まることはありません。だから地球はある程度の温度を保っていられるのです。ところが二酸化炭素などの温室効果ガスと呼ばれるものは熱を溜め込む性質があります。そのため、地球大気中の二酸化炭素濃度が上がると地球の温度が上がるというわけです。

　温室効果のある気体は二酸化炭素だけではありません。気体が熱を溜め込む能力は地球温暖化係数という数値で表されます。それによると二酸化炭素を1としたとき、天然ガスの主成分であるメタンは26、オゾンホールの原因といわれるフロンに至っては数千から1万を超えます。こうしてみると二酸化炭素の効果などたかが知れているように見えますが、なぜ二酸化炭素だけが槍玉にあげられるのでしょうか？

　それは二酸化炭素の発生量にあります。石油が燃えるとどれだけの二酸化炭素が発生するか、簡単な計算で求めてみましょう。石油の構造は簡単です。図のように、基本的にCH_2単位がいくつか（n個）並んだものです。このCH_2単位が1個燃焼すると1個のCO_2と1個のH_2Oになります。つまりn個のCH_2単位が並んだ石油が燃えるとn個の二酸化炭素が発生するのです。

分子量を計算すると石油の分子量は、分子量14のCH_2がn個繋がったものですからおよそ14nとなります。一方、発生したn個の二酸化炭素の全分子量は44nです。これは重さ14nの石油が燃えると重さ44nの二酸化炭素が発生することを意味します。

　すなわち、燃えた石油の3倍の重さの二酸化炭素が発生するのです。家庭用の20Lポリタンク（石油重量約14kg）1個分の石油が燃えると44kgの二酸化炭素が発生します。

　石油の二酸化炭素発生量の凄さが分かるというものです。石油が燃えると発生するのは気体だから、重さが無くなるなどと思っているととんでもないことになります。

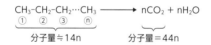

図1-7　石油の燃焼

光合成

　植物は二酸化炭素と水を原料とし、太陽の光をエネルギー源として糖などの炭水化物と酸素ガスを発生します。この一連の反応を光合成といいます。

　化学反応としての光合成は非常に複雑です。しかし、途中経過を外して、スタートとゴールだけを見たら非常に単純です。それは6個の二酸化炭素CO_2、を用いて1個のグルコース$C_6(H_2O)_6$、を作る

ということです。その際に6個の水分子H_2Oと太陽光のエネルギーを用います。

　内部エネルギーを見ると、生成物のグルコースのほうが高エネルギーなので、外部からエネルギーを供給する必要があります。このエネルギーに太陽光エネルギーを用いるのです。

　光合成をさらに詳しく見ていくと二つの反応グループに分けて考えることができます。ひとつは太陽光のエネルギーを用いて、グルコース合成に必要な還元剤（NADPH）とエネルギー貯蔵物質ATPを作る過程です。この過程は光を用いるので明反応と呼ばれます。

　もう一つは、明反応で作ったNADPHとATPを用いて、水と二酸化炭素からグルコースを作る過程です。この過程は光を使わないので暗反応といいます。明反応は光合成の準備過程であり、暗反応が化学的な合成過程ということができます。

　光合成を行う分子はクロロフィルと呼ばれるものです。クロロフィルは動物において酸素運搬をする分子ヘムによく似ています。違いはヘムが環状有機物（ポルフィリン環）の中に鉄Feを持っているのに対してクロロフィルではマグネシウムMgが入っているということです。

　光合成は植物細胞の中にある葉緑体の中で行われます。葉緑体は二重の膜で覆われ、円盤状の袋が重なったチラコイドという層状部分とストロマと呼ばれる基質部分があります。チラコイドにはクロロフィルがあり、光の関係する反応（明反応）を行います。光の関わらない反応（暗反応）はストロマでおこなわれます。

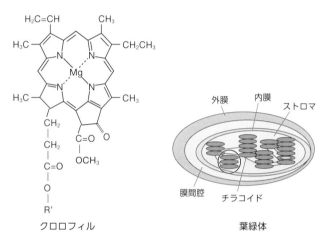

クロロフィル　　　　　　　　　　葉緑体

図1-8　光合成

Column

人工光合成

　光合成は目下、植物の専売特許ですが、21世紀の化学の目標は光合成の人工化と言われています。光合成を人間の手で工場で行うことができるようになったら、長期間の宇宙旅行や人口100億時代を迎えようとする人類の食糧問題にとっても福音となることでしょう。

1-5

重要な資源であるヘリウム

　ヘリウムは気体の中で、水素に次いで軽いものです。気球などに詰めて浮力を得るためにはより軽い水素ガスのほうがすぐれていますが、水素は爆発性があり危険なため、少なくとも人が乗る気球にはもっぱらヘリウムが用いられます。

冷やすために重要な物質

　ヘリウムの沸点は-269℃と非常に低いため、強力な冷媒として用いられます。現在では実用的な超伝導体は全て液体ヘリウム温度まで冷却する必要があります。

　超伝導体は電気抵抗が無いので、コイルに発熱無しに大電流を流すことができます。これは超強力な電磁石となることを意味するものです。この様な電磁石を超伝導磁石といいます。超伝導磁石は現代科学を支える物質です。脳の断層写真を撮るMRIにも使われていますし、JRのリニア新幹線も車体の浮上のために超伝導磁石を用いています。

　これらの装置は液体ヘリウムがなければ動かないのです。

貴重な資源

　ヘリウムは地球大気中にはおよそ5.2ppm含まれますが、地中における原子核反応の産物として発生する気体なので地中にも存在します。資源として使われるヘリウムは地中のものを油田のような井戸を掘って採掘します。ヘリウムの需要は年々高まり、それに伴って価格も高騰しています。現在、日本で使用されるヘリウムの大部分はアメリカから輸入しています。近い将来、レアメタルやレアアースと同じように奪い合いの資源になるのではないかと危惧されています。

Column

気体とウイルス

ウイルスの大きさは10～200nm（ナノメートル、1nm＝10^{-9}m）と非常に小さく、1μm（マイクロメートル、1μm＝10^{-6}m）ほどの大きさの細菌の5分の1から100分の1程度の大きさしかありません。そのため、肉眼はもちろん、光学顕微鏡でも見ることは出来ず、見るためには電子顕微鏡が必要です。

しかし、空気を作る分子の大きさと比べたらけた違いに大きいです。酸素分子の大きさは0.34nmしかありません。これは酸素分子を直径1cmのビー玉と考えたら、ウイルスは直径30cmの風船から直径6mのガスタンクの大きさということになります。

第 **2** 章

空気の歴史

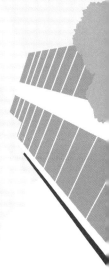

2-1

空気の起源

　空気は地球を取り巻く気体です。空気というは単独の物質ではありません。多くの物質が集まっているものです。空気の役割は呼吸だけではありません。空気は地球を包む衣服であり、地球を守る鎧でもあります。空気が無かったら地球上に生命体は生存できません。それどころではなく、そもそも地球上に生命体は発生しなかっただろうとさえいわれます。この章では地球上に空気が誕生し、生命が生まれるようになるまでの歴史について見ていきます。

ビッグバン

　今から138億年前、ビッグバンと呼ばれる大爆発が起きました。場所は宇宙の中心としかいえません。というのは宇宙も、時間も全てはこのビッグバンによってできたからです。ビッグバンによって無数の破片が飛び散りました。この飛び散った範囲が宇宙なのです。ですから宇宙の範囲はこの瞬間にも広がりつつあると考えられています。これが膨張宇宙といわれるものです。

　飛び散った破片の大部分は水素原子Hであり、それにわずかのヘリウム原子Heが混じっていたといわれます。

恒星の誕生と核融合

　水素とヘリウムは霧のように宇宙空間に漂いました。しかしやがて、霧の濃い所と薄い所が生じました。濃い所は周囲から際立った雲のようになりました。原子がたくさん集まった雲は大きな重力を獲得し、周囲の霧を引き寄せて、ますます濃く、大きな雲に成長しました。

　やがて雲の中心は巨大な重力による圧縮（断熱圧縮）や原子の摩擦熱などによって高温高圧となり、明るく輝くようになりました。この時、高温高圧によって、原子番号1の水素原子が2個融合して、原子番号2のヘリウムとなりました。核融合反応と呼ばれる、通常ではまず見られない反応が発生したのです。

　核融合反応は膨大な量の核融合エネルギーを発生します。図2-1は原子の原子番号と原子核エネルギーの関係です。大きなエネルギーを持っているほど不安定なので、原子は小さくても大きくても不安定となります。最も安定なのはエネルギーが最も小さくなっている原子番号25くらいの原子、つまり鉄（原子番号26）です。したがって、鉄より小さな原子が融合して大きくなれば、余分なエネルギーを放出します（図の左側）。このエネルギーを核融合エネルギーといいます。反対に鉄より大きな原子が壊れて小さな原子になれば、余分なエネルギーを放出します（図の右側）。このエネルギーを核分裂エネルギーといいます。

　水素原子の雲は核融合に伴って発生したエネルギーによって輝き、

そのエネルギーを大量の光エネルギー、熱エネルギーとして宇宙空間に放出しました。これが恒星の誕生です。宇宙の至る所で同じ反応が起き、夜空に輝く無数の恒星が誕生したのです。太陽もこのような恒星の一種です。

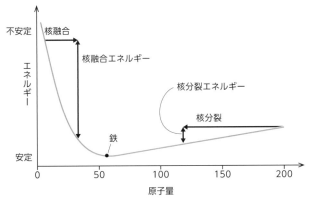

図2-1　原子量とエネルギーの関係

恒星の生涯と原子の成長

　恒星の中では核融合反応が続き、水素は次々とヘリウムに変わっていきました。やがて水素が消費され尽くすと今度はヘリウムの核融合反応が起こり、2個のヘリウムが融合して原子番号4のベリリウムBeが誕生しました。

　このようにして、恒星の中では次々と大きな原子が誕生しました。つまり恒星は原子の誕生の地であり、ゆりかごでもあるのです。しか

し、原子が大きくなって、ついに鉄の大きさになると様子が違ってきます。先のグラフから分かるように、最も安定な鉄を核融合しても核融合エネルギーは誕生しません。つまり、鉄の塊となった恒星はもはやエネルギーを生むことは無くなったのです。これが恒星の死です。

エネルギーを失った恒星は膨張することができず、自分の重力で収縮を始めました。巨大な恒星は縮み続け、やがて恒星を構成する原子まで縮み、ついには原子核を取り巻く電子雲までが原子核の中にめり込んでしまいました。この結果、原子核の中にある陽子と電子雲が合体して中性子になってしまったのです。

こうなった恒星はエネルギーバランスを失って爆発しました。爆発によって大量の中性子がばらまかれました。この過程で、恒星に残った鉄原子は大量の中性子を吸収し、一気にその大きさを増しました。このようにして、鉄より大きな原子が誕生したのです。

地球の誕生

宇宙のいたるところで恒星が爆発し、大量の星くずや大量の大きな原子が宇宙を漂うことになりました。やがてこのような物質が互いに引力で引き合い、塊となってゆきました。塊は大きな重力を獲得し、周囲の物質を引き寄せて益々大きく成長していきました。これが惑星の誕生であり、地球もこのようにしてできたものと考えられています。地球が誕生したのは今から46億年前とされています。

　誕生当時の地球には、周囲の星くずが隕石として降り注ぎ、その衝突エネルギーによって地球は灼熱に加熱され、岩石はドロドロに溶けて地球は球状の溶岩になっていたとされます。

　この頃、地球の内部では成分の比重による棲み分けが行われました。液体状の地球の中では、窒素や酸素のように比重の小さい軽い元素は地表から離脱し、気体となりました。一方、鉄やニッケルNiなど比重の大きい原子は中心に沈み、比重の小さなアルミニウムAlやケイ素Siは表面に浮き上がって地殻を作っていったのです。

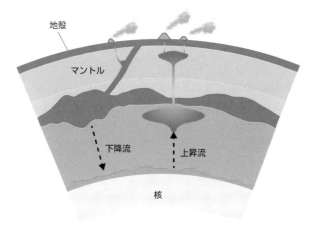

図2-2　地球内部の分離

　現在も地球の内部は6000℃ほどの高温であり、全ての物質は融けて溶岩状のマントルとなっています。しかしこれは地球誕生時の熱が

残っているからではありません。当時の熱は46億年の間に宇宙空間に放出されつくしました。

　現在の熱は、地球が自分で獲得した熱なのです。その原因は原子核反応です。カリウムKやラジウムRdやウランUなどの放射性元素が原子核崩壊反応を起こし、その際に発生する核反応エネルギーによって熱くなっているのです。

2-2

生まれたての地球の空気

　地球を包む空気（大気）がどのようにして誕生し、どのように変化して現在の大気になったのか、その歴史についての詳細は分かっていません。しかし、現在のところ、おおむね次のように考えられています。

宇宙空間にある気体（星間ガス）

　原始地球の表面を覆っていた気体を原始大気といいます。原始地球が誕生した場所は、もちろん宇宙空間です。そこには、水素分子H_2やヘリウム原子Heという星間ガスが存在しています。全ての物質は有限の体積と有限の質量（重量）を持ちます。そして質量を持つ物は重力を持ちます。地球も同様です。

　誕生して間もない地球は未だ小さく、重力も大きくはありません。そのため、周囲にある星間ガスを自分の周りに引きつけることはできませんでした。しかし多くの隕石が落下して原始地球の大きさが月を超えたあたりから、星間ガスを保持できるだけの重力を獲得したものと思われます。

　これが、原始地球が最初に持つことのできた原始大気であったものと考えられます。この大気は太陽の組成や木星型惑星の組成に似た、

水素、ヘリウムを主成分とする大気であったものと思われます。このような大気を太陽組成大気（いわゆる一次大気）といいます。

　星間ガスの成分は、水素とヘリウムが圧倒的に多く、次いで一酸化炭素CO、水蒸気H_2O、アンモニアNH_3、ホルムアルデヒドHCHO、シアン化水素HCNなどで、その量はこの順に多くなっています。このうち、現在の生物にとって無害なのは水蒸気だけで、他の物は毒物といって良いほどの有害物質ばかりでした。

　一酸化炭素は呼吸毒であり、一酸化炭素中毒で有名な毒物ですし、アンモニアは猛烈な悪臭を持つ有毒物質です。ホルムアルデヒドはシックハウス症候群の原因物質として有名ですし、シアン化水素はサスペンスであまりに有名な毒物、青酸カリ（正式名：シアン化カリウム）KCNの毒成分です。星間ガスというと何やらロマンチックに聞こえますが、その成分はこの様な毒物が大部分だったのです。

地球の内部から生まれた大気

　しかし、現在の地球の大気はこのような太陽組成大気とは大きく異なっています。それは、現在の大気は星間ガスをもとにしたものではなく、地球自体の内部から噴き出した気体物質をもとにしてできているからです。地球内部の物質から気体物質が分離する過程を脱ガス化といいます。

　原始地球が誕生した初期の激しい微小惑星衝突の時代には、原始

地球が星間ガスを捕獲できたとしてもそれは一時的なものであり、高
温になった地球表面からはすぐに宇宙に逸散したものと考えられます。
少なくとも、その時点で原始地球や微小惑星から生じた脱ガス成分と
混じってしまうでしょう。

水分による温室効果

　それでは、原始地球からの脱ガスの組成はどのようなものであった
のでしょう。

　ここで重要なヒントを与えてくれるのが隕石です。隕石の中には
H_2O を結晶水として鉱物の形で持っているものがあります。結晶水と
いうのは石膏 $CuSO_4 \cdot 2H_2O$ やコンクリートの中に含まれる水分のよ
うに、鉱物の一部として取り込まれた水のことをいいます。この水を
取り除く（脱水）ためには数百℃の高温に加熱するなど、過酷な条件
が必要です。

　隕石には他に、窒素 N や炭素 C も含まれていることがあります。と
くに炭素質コンドライトといわれる物の中には、H_2O を全重量の6%も
含むものがあります。地球の材料となった微小惑星全体を平均して
も、1%くらいの H_2O が含まれていたものと考えられます。

　原始大気では、このような微小惑星から発生した水蒸気による温
室効果が現われ、大気が温度を保存しました。そのため大気の温度
は上昇を続け、原始地球を高温高圧に保っていたと考えられます。

地球を覆う溶岩の海

現在の地球は水の惑星といわれますが、その海水の質量（重量）は、地球の全質量の0.027%に過ぎません。つまり、現在の海水を微小惑星の中に含まれた水（微小惑星重量の1%）の40分の1が分離すれば量的には充分ということになります。

微小惑星が原始地球に衝突するとその衝突エネルギーで原始地球は加熱され、微小惑星や原始地球の鉱物の内部に取り込まれていた水をはじめとする揮発しやすい成分が気体となって吐き出されます。このとき出された気体の成分はどのようなものだったのでしょう?ここで大きな役割を果たすのが、原始地球の表面を覆っていたドロドロに溶けた溶岩の海、マグマオーシャンです。

マグマオーシャンが存在すると、マグマオーシャンに溶けやすい水の大部分はその中に溶け込んでしまいます。そして残った大気や溶け込んだ大気はマグマオーシャンの成分と反応します。

鉄による気体の反応

マグマオーシャンの中に金属鉄Feが残っていれば、鉄が水H_2Oから酸素を奪って鉄は酸化鉄Fe_2O_3になり、反対に酸素を奪われたH_2Oは還元されて水素分子H_2になります。同様に二酸化炭素CO_2も鉄に酸素を奪われ、還元されて一酸化炭素COになります。

$2Fe+3H_2O \rightarrow Fe_2O_3+3H_2$

$$2Fe+3CO_2 \rightarrow Fe_2O_3+3CO$$

　こうして、大気は水蒸気H_2Oよりも水素H_2が、二酸化炭素CO_2よりも一酸化炭素COが多い状態になります。これは原子大気が酸素の少ない還元性大気だったことを意味します。酸素が20%も存在して酸化性となっている現在の大気とは大きな違いがあったのです。

━━ Column

金属と水の反応

　本文で水と鉄が反応して水素ガスが発生することが紹介されています。金属は水と反応します。鉄は普通の状態では水と反応しませんがそれは条件次第です。ナトリウムやカリウムという金属は水と発熱的に反応して水素を発生し、その水素に火がついて爆発します。

　大学の研究室でマグネシウムに火が付き、学生が消火器で消そうとしたところ、爆発が起こり、学生が火傷を負うという事件がありました。詳細は不明ですが、消火器が水溶性の消火剤を用いた物だった可能性があります。

地球の中心核の分離

　マグマオーシャンはいつまでも存在していたわけではありません。融けて液体状になったマグマでは成分の比重による分離が起きます。鉄やニッケルのような比重の大きな金属は下に沈んで、地球の中心部つまり地球の中心核に集ります。すなわち、中心核の分離が起きたのです。鉄が沈んでしまった後の溶岩、つまりマグマやマントルには金属鉄の含量は少なくなっています。鉄が存在してもその大部分は酸

素と反応してしまった、比重の小さな酸化鉄ばかりになっています。

このようにマグマオーシャンに金属鉄が無くなった状態では、上で見たような還元反応は起きません。つまり、核とマントルの分離が起こってしまった後に起こるのはH_2O（水蒸気）や二酸化炭素CO_2という形のままでの脱ガスということになります。

もし一酸化炭素COがあったとしても、今度は反対にH_2Oと反応して、二酸化炭素CO_2と水素H_2になってしまいます。

$$CO + H_2O \rightarrow CO_2 + H_2$$

H_2Oの脱ガス化

中心核とマントルの分離は地球のごく初期の段階で起きたと考えられています。したがって、脱ガスの成分も大部分は水素H_2、水蒸気H_2Oや二酸化炭素ということになります。このうち水素は軽いので、地球の重力では保持できずに宇宙空間に逸散することになります。

また、地球に微小惑星が降り注ぐ集積期の終わりの方で、H_2Oをたくさん含む炭素質コンドライトや彗星の集中的な衝突が起こった可能性も指摘されています。またマグマオーシャンが冷えてくると、溶け込んでいたH_2Oも脱ガスしてきます。

こうした脱ガスは地球の初期の段階に集中的に起きたのでカタストロフィック脱ガスと呼ばれます。脱ガスはその後も継続して行われましたが、それは細々としたもので、現在の火山爆発に類似したものと考

えられます。そのため、成分や組成も現在とそれほど変わらないと考えられます。現在の火山ガスの主成分はH_2O（水蒸気）やCO_2（二酸化炭素）です。

このようにしてできた原始大気の成分のうち、水素、ヘリウムなど軽い成分は、原始太陽の強力な太陽風によって数千万年のうちにほとんどが宇宙空間へ吹き飛ばされて無くなってしまったものと考えられています。

<small>Column</small>

「火山爆発」

火山の爆発は大きく二種類に分けることができます。

ひとつはマグマ爆発です。マグマ爆発では地下の溶岩であるマグマが噴出します。マグマの硬さや粘度によって噴出物が何千メートルの高さまで飛び出すタイプと、地表を流れるタイプがあります。溶岩、火山灰、噴出熱などによって周辺に大きな被害を及ぼします。

もうひとつは水蒸気爆発です。これは火山体内部の水がマグマに間接的に温められてマグマを伴わず噴出する現象です。爆発的な噴火ですが規模はあまり大きくなく、火山灰を噴出する程度の事もあります。

2-3

海洋の起源と二酸化炭素

　金属鉄が地球の中心核となって地球中心に沈み、大気中から水素が失われた状態では、大気中ではそれまでとは異なった反応が進行するようなりました。つまり一酸化炭素COが水H_2Oから酸素Oを奪って二酸化炭素CO_2になりました。また、高温によりアンモニアNH_3が分解されて窒素分子N_2と水素分子H_2が生成しました。

$2NH_3 \rightarrow N_2 + 3H_2$

二酸化炭素の温室効果

　しかしこうして新たに生じた水素もやがて太陽風などによって吹き飛ばされて散逸し、原始大気の主成分は二酸化炭素、水蒸気、窒素となりました。しかしこのように猛威を振るった太陽風もやがて太陽の成長とともに次第に弱くなってきます。

　原始大気の気圧は高く、100気圧程度もあったと考えられています。この大気を構成した高濃度の二酸化炭素が温室効果によって地球が冷えるのを防いでいました。つまり、現在の金星の大気に近いものであったと考えられています。

　この頃の大気に酸素はほとんど含まれていません。太陽からの紫

外線によって水蒸気が分解されて酸素を形成した形跡はあります。しかし、地殻を構成する金属元素の多くは還元状態であり、ただちに酸素と反応して酸化物になります。そのため酸素は酸化に使われてすぐに消費されてしまうので、大気中にはほとんど残らなかったものと考えられています。

Column

水蒸気の温室効果

　温室効果ガスというと二酸化炭素を思い出します。しかし温室効果が一番大きい気体は水蒸気といいます。晴れた朝の放射冷却を見れば良く分かります。乾燥した砂漠では日中と夜間の温度差が40℃、50℃になります。

　現在の大気の温室効果のうち、約6割が水蒸気によるもので、約3割が二酸化炭素によるものといわれます。にもかかわらず地球温暖化というと二酸化炭素が目の敵にされるのは、水蒸気の量は人間の自由にできないからです。海洋から蒸発する水蒸気の量をどうやって制御できるでしょう?

　結局、制御できる二酸化炭素の方が注目されるわけです。それに、二酸化炭素を制御すれば間接的に水蒸気を制御できることになります。つまり、二酸化炭素が増えて気温が上がれば、水温も上がって水蒸気の発生量も増えるというわけです。

海洋の誕生

激しい微小惑星の衝突の時代が終わると、地球は衝突エネルギーの追加も無いまま、だんだんと冷えてゆきました。そしてそのときの大気の主成分であった水蒸気は冷却されて水となり、その水が溜まって海洋となりました。水の惑星ともいわれる地球の象徴である海洋の誕生です。

古い変成岩に含まれる堆積岩の痕跡などから、40～43億年前頃には既に海洋が誕生していたとみられます。この海洋は、原始大気に含まれていた水蒸気が、火山からの過剰な噴出と温度低下によって凝結し、雨として降り注いで形成されたものでした。

図2-3　海洋の誕生

二酸化炭素CO_2は水に溶けると炭酸H_2CO_3という酸になります。つまり二酸化炭素は酸性物質なのです。そのため、二酸化炭素は酸

性の水には溶けにくいという性質があります。

$$CO_2 + H_2O \rightarrow H_2CO_3$$

　初期の海洋は、原始大気に含まれていた亜硫酸ガスSO_3や塩酸HClを溶かしこんでいたため強い酸性となっていました。その後強酸性の原始海水は地殻に含まれるカルシウムCa、マグネシウムMg、鉄Feなどの金属イオンと反応し、中和物（塩）を生じて沈殿しました。

　このように金属イオンは、酸の成分を沈殿物（鉱石）として海水から分離することによって、海洋の酸性度が下がっていったと考えられています。

　酸の成分が除かれ、酸性度が下がった海洋には二酸化炭素が溶解できるようになります。するとそれによって生じた酸である炭酸が海水中に存在する金属イオンと反応することになります。つまり、カルシウムと反応すれば炭酸カルシウム$CaCO_3$となり、石灰石として堆積することになります。こうして、大気からは二酸化炭素が取り去られていくことになります。

　海水がこうして原始大気の半分とも推定される大量の二酸化炭素を吸収したおかげで大気圧は急劇に降下し、温室効果も下がって気温も低下してゆきました。

　この様に二酸化炭素が海洋に吸収された後は、地球の大気は水に溶けにくい窒素N_2が主成分となりました。これは、表面に液体の水（海）を持たない他の地球型惑星の大気とは対照的なものです。

酸素の誕生

大気中の酸素は、星間ガスや脱ガス化現象によって現われたものではありません。酸素は生物活動によってもたらされたのです。その生物とは藍藻（シアノバクテリア）や植物プランクトンのような酸素発生型生物です。このような生物が原始大気中の二酸化炭素と水を原料とし、原始太陽から送られてくる光エネルギーをエネルギー源として光合成を行うことによって発生したのです。

生命体による酸素発生

したがって、これらの生命体が誕生する以前の地球には、当然酸素はありませんでした。実際、さまざまな地質学的証拠から、地球大気に酸素が登場したのは今からおよそ20〜23億年前とされています。つまり、地球史の前半には、酸素は大気中にほとんど存在しなかったのです。

グラフは地球大気における酸素濃度の経年変化を表したものです。20〜23億年前に、1度目のジャンプとして急上昇した大気酸素濃度は、現在の1/100程度のレベルでいったん安定したように見えます。そして、酸素濃度が現在のような、大気の20%を占める主成分と

なったのは、2度目のジャンプが起きた5～6億年前以降のことでした。

　では、なぜ大気中の酸素濃度は、このように、ある特定の時期に急激に増加したのでしょうか?単純に考えれば、20～23億年前に酸素を作る光合成生物が誕生したためであろうと思われます。しかし、それほど簡単な話でもないらしい様子がうかがえます。地質記録を見ると、シアノバクテリアのような酸素発生型光合成をおこなう生物は、少なくとも27億年前には誕生していたように思われます。酸素を発生する生物が誕生していたにもかかわらず、なぜ酸素は23億年以前には大気中に溜まらなかったのでしょうか?なぜ23億年前と6億年前に、酸素濃度は急上昇したのでしょうか?

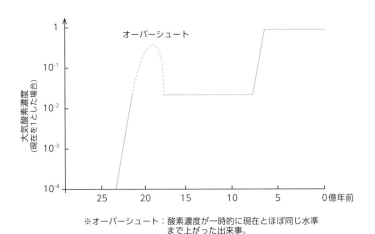

※オーバーシュート:酸素濃度が一時的に現在とほぼ同じ水準
　　　　　　　　　まで上がった出来事。

図2-4　酸素濃度の変遷

酸素の生産と消費のバランス

大気中の酸素濃度は、酸素を発生する生命の活動だけで決まるものではありません。生命体が生産した酸素が放出される大気や海洋には、その酸素を消費する還元的な物質（二価鉄Fe^{2+}やメタンCH_4など）が大量に存在します。これらの物質による酸素の消費と、生命体による酸素の供給とのバランスが重要なのです。

地球大気中の酸素の場合、このようなバランスのとれた状態を崩した原因は何だったのでしょうか?現在、これに対する明確な答えは得られていません。しかし、答えの一つとして、地球全体が凍りつく全球凍結があったのではないかと考えている研究グループもあります。

全球凍結とは、文字通り地球全体が凍りつく地質学的な出来事であり、地球史においては23～22億年前と7～6億年前の2度にわたって起きたとされています。この凍結状態を脱するためには、温室効果ガスである二酸化炭素が大量に大気中に蓄積される必要があり、その結果、凍結が解けた直後の地球はその反動として一時的に超温暖状態となります。

超温室状態と酸素の増加

このような超温室状態では、シアノバクテリアの活動が極めて活発になり、大量の酸素が放出されたと考えることも可能です。

生命が誕生し、自ら光合成を行う生物が誕生すると、それらは水を分解

して酸素を発生するようになります。さらに、二酸化炭素が植物の光合成を通じて生物の体内に炭素として蓄積されるようになります。長い時間をかけて、過剰な炭素は化石燃料、あるいは生物の殻からできる石灰岩$CaCO_3$などの堆積岩に取り込まれるといった形で固定されてゆきます。

　このように、植物が現れて以降は大気中に酸素が著しく増え、二酸化炭素は大きく減少してゆきます。また、酸素分子O_2は紫外線に照射されるとその高エネルギーによってオゾン分子O_3に変化しました。

　酸素濃度が低かったころは地表にまで及んでいたオゾン層は、酸素濃度の上昇とともに高度が高くなり、現在と同じ成層圏まで移動したと考えられます。このオゾン層による有害な紫外線などの宇宙線の遮蔽作用によって、地表では紫外線が減少し、生物が陸上にあがる環境が整えられたのです。

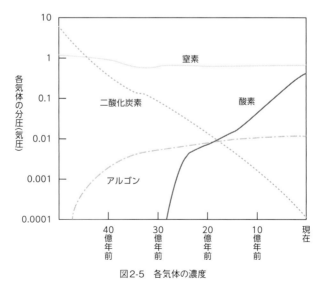

図2-5　各気体の濃度

Column

シアノバクテリア

　シアノバクテリア、または藍色細菌は、昔は藍藻と呼ばれていましたが近年の研究により、細菌類と同じ、細胞内に核をもたない原核生物であることが明らかになりました。シアノバクテリアはクロロフィル、β-カロテン、フィコビリンなどの色素を含み、光合成を行います。これらの色素は食品の色素、あるいは栄養食品と利用されます。湿地や水たまり、あるいは水槽の縁などに発生して、緑色のねばねばした膜状になります。

　シアノバクテリアは最古の生物の1つで、35億年前の地層からシアノバクテリアに似た化石が発見されています。大発生したシアノバクテリアの光合成によって原始大気中の二酸化炭素が有機物と酸素に変化され、地球大気中に現在のような濃度の酸素が蓄えられたものと考えられています。有機物は地圧と地熱で分解されて石油の原料になったのでしょう。

　進化遺伝学的な研究により、光合成能力をもつシアノバクテリアが、他の細菌と体内に取り込まれて共生的に合体することによって真核生物が生じ、その際、シアノバクテリアは葉緑体となったものと考えられています。

2-5

原始大気と生命体

　地球型惑星の初期の大気組成がどのくらい還元的だったのか、還元的だったとしてそれがどのくらい続いたのかについてはいろいろな説があり、まだはっきりしていません。しかしこの問題は生命の起源と進化を考える上で非常に重要な問題であることは間違いありません。

原始大気を再現？　ミラーの実験

　原始地球において生命体がどのようにして誕生したのかについては古来多くの科学者が知恵を絞ってきました。そんな中で画期的な実験が行われました。

　1953年にシカゴ大学の大学院生、スタンリー・ミラーが行った実験です。彼は地球上で最初の生命が発生したとされる環境を再現することを目的としました。そこで簡単な化学物質の組み合わせから、生物の素材となるような成分ができるかどうかを実験で確かようとしたのです。

　原始大気の組成に関しては、彼の師であるハロルド・ユーリーの「惑星形成は低温で起こるので、原始地球の大気には、水素が一定量残っており、炭素原子や窒素原子がメタンやアンモニアの構成原子として存在する還元的な大気である」という説を参考にしました。

実験法

実験装置は図に示したような簡単なものです。装置全体が気密状態となっています。フラスコAに水H_2O、メタンCH_4、アンモニアNH_3、水素H_2です。これらは、実験が行われた当時の地球物理学者によって、原始地球の大気中に存在していたと考えられていた気体です。これを常時加熱沸騰させます。これによって生じた蒸気は別の容器Bに導かれます。Bの中には電極がセットされ、放電が行われています。放電を経由した蒸気は冷却され、再び加熱中のフラスコに戻されます。

つまりフラスコAにある溶液は断続的な加熱と放電を一定期間経験し続けるのです。放電は落雷を模しています。つまり、フラスコ内の溶液は原始の海にたまった海水を模し、そこで海底の熱によって蒸発したものが大気中で雷を浴び、再び冷却されて雨となって海に戻る、という過程を再現したものです。

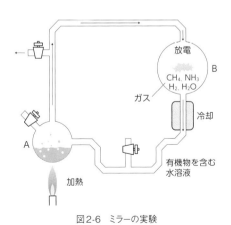

図2-6　ミラーの実験

　この実験を1週間にわたって維持したところ、その溶液は次第に着色し、最終的には赤っぽく変色しました。この溶液を化学的に精査したところ、数種のアミノ酸が検出されたのです。アミノ酸はタンパク質の構成要素であり、生命体の必須分子というべきものです。

ミラーの実験の意義

　当時の科学者の多くは「生命体は地球上で誕生した」「生命体は原始大気の下の海中で産まれた」ものと推測していました。しかし、そのような現象が起こるためには、その素材となる有機化合物が大気中、あるいは海洋中にある程度の濃度で存在しなければなりません。

　当時の科学では、そのような複雑な構造の有機化合物は、生物の体内以外では作られないと考えられていました。ところがミラーの実験では、生命体の関与しない空間で、数種のアミノ酸の合成が確認されたのです。

　この実験は注目を浴び、同様の実験が行われた結果、初期の成分や条件を変えることで、核酸の成分であるプリンやピリミジン、ATPの要素であるアデニンなどもできる事が確認されました。

ミラーの実験の現在

　ところがその後、意外なことが明らかになりました。地球物理学のその後の研究進展により、最初の生命が誕生した当時の大気はメタン

やアンモニアなどの還元性気体ではなく、二酸化炭素や窒素酸化物などの酸化性気体が主成分であったと考えられるようになったのです。現在ではその際、酸素がどの程度含まれていたか、が論争になっています。

　酸素の量はともかくとしても、酸化的な大気の下における有機物の合成は著しく困難です。そのため、現在では、多くの生命起源の研究者たちは、ユーリー・ミラーの実験を過去のものと考えています。

　このように、ミラーの得た結果は現在では認められないものとなってしまいましたが、彼が切り開いたのは生命発生の過程を実験的に検証するという方法論であり、これはその後の研究に大きな指針となりました。その意味でミラーの実験の意義は永く称えられるべきものといえるでしょう。

Column

ユーリーとミラー

　ハロルド・クレイトン・ユーリー（1893〜1981）はアメリカの化学者で、1934年に重水素発見の功績によってノーベル化学賞を受賞しました。その後 $_{235}U$ のガス拡散法による濃縮法などを成功させ、原子爆弾、原子炉の開発などに貢献しました

　スタンリー・ロイド・ミラー（1930〜2007）は、アメリカの化学者で、1953年、シカゴ大学の大学院生だった時に、ハロルド・ユーリーの研究室で有名な実験を行った後、1954年にシカゴ大学から博士号を受けました。晩年はカリフォルニア大学化学科名誉教授を務めました。

生命体と大気組成

　生命の材料物質が生まれた場として、原始大気は依然有力な候補の一つです。ミラー以降の各種の実験によって、原始大気の組成を模した気体に放電、放射線照射、紫外線照射などを行うとアミノ酸などの生命の材料物質が生じることが明らかになりました。そして、これら生命前駆物質の生成率は、大気の組成が還元的なほど高いことが分かりました。また大気の組成は生物の代謝とも関係しています。現在、多くの生物が呼吸によってエネルギーを獲得しているのは大気に酸素が豊富に含まれているためです。しかし、過去の生命体がどのような物質代謝によってエネルギーを得ていたのかは、過去の大気の組成に依存しています。

生命体と惑星大気

　最近火星から飛来したと考えられる隕石に、生命の痕跡らしいものが発見されました。火星には地球では失われた40億年以上前の地質が保存されています。実際、生命の痕跡らしいものが見つかった隕石は45億年前に固化したものであることが分かっています。今後火星を詳しく調べることで、火星の過去だけでなく太古の地球環境についても新しい手がかりが得られるものと期待されています。

第 **3** 章

宇宙の気体

3-1

宇宙はどんな元素からできているのか

　宇宙には膨大な量の原子が存在しています。その種類と量は宇宙の場所により異なりますが、平均的な値を宇宙組成比と呼びます。組成比が最もよくわかっているのは太陽系に関するものです。

地球を形成する元素

　地球上の自然界には、最も小さい水素から、最も大きいウランまでおよそ90種類の原子が存在しています。

　宇宙にどのような元素がどれくらいの量、存在しているかを測定するのは難しいように見えますが、実は有効な測定手段があります。それはスペクトル測定と隕石の成分測定です。

　原子は熱、電気、光などのエネルギーを与えられると、そのエネルギーを光エネルギーに変換し、発光する性質があります。その良い例が炎色反応です。炎色反応というのは、金属原子の溶液を白金針金に付けて、バーナーの炎に入れると、金属固有の光を放つというものです。小学校や中学校の理科の実験でご覧になったのではないでしょうか。これは花火の色の原因にもなっています。恒星に含まれる原子や恒星の近くに存在する原子は、恒星からの熱や光エネルギー

を受け取って自ら発光しているのです。

　原子が発光する光は、炎色反応に見るようにその原子に特有であり、光の強度はその原子の存在量に比例します。光の波長や強度を表したものを一般にスペクトルといいます。恒星から来る光のスペクトルを解析することによって、実物がなくともその恒星の近くに存在する原子の種類と組成比がわかることになります。

　隕石には、大部分が鉄でできている鉄隕石と、反対に石質が大部分で、鉄を15％程度しか含まない石質隕石があります。この石質隕石の石質部分に含まれる原子の相対濃度（図3-1）は、太陽表面における原子の相対濃度によく似ていることが確かめられています。このようなことから、隕石の組成を研究すると宇宙の元素組成が推定されることになります。

表3-1　隕石の組成例

成分		鉄隕石	石質隕石
鉄、マグネシウムを主成分とするケイ酸塩岩石			85%
合金	金属鉄 (Fe)	90%	
	金属ニッケル (Ni)	9%	合計10%
	金属コバルト (Co)	0.6%	
トロイライト (FeS)		0.1%	5%

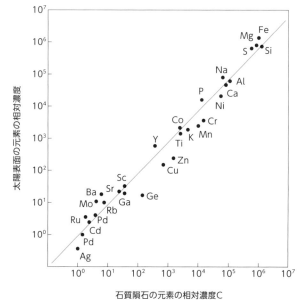

図3-1　太陽表面と石質隕石の比較

元素組成の示すもの

図3-2は宇宙における元素の存在度を表したものです。ケイ素Si
の原子数を1,000,000個と仮定したときの、他の元素の原子数を相
対値で表しています。

水素HとヘリウムHeの比率がずば抜けて高く、存在度を表すグラ
フがのこぎりの刃のように深いギザギザになっています（ひと目盛がひ
と桁の違いであることに注意）。これは次の事を表すものと考えられ
ます。原子番号1、2の水素やヘリウムの量が圧倒的に多いのは、

これら軽い元素がビッグバンの初期（宇宙誕生後の最初の数分間）に合成されたことを反映するものと考えられます。

　組成比を見ると、水素のみで全元素の存在量の93.4%を占め、水素とヘリウムを合わせると99.9%となります。さらに、10番目に多い硫黄Sまでの10元素の存在比を合わせるとなんと99.999%を占めています。残り80元素の割合は0.001%に過ぎないのです。

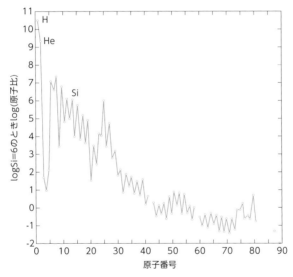

図3-2　宇宙における元素の存在比

　また、リチウムLi、ベリリウムBe、ホウ素Bは例外的に少なくなっていますが、おおむね原子番号40までの元素の存在量は指数関数的に減少し、それ以降の減少度は緩やかになっています。

　グラフによると、元素の存在度は原子番号に大きく依存していることが分かります。つまり「原子番号が偶数の原子は、その前後の奇数番号の原子より多量に存在する」のです。これを発見者の名前をとってオッド・ハーキンスの法則といいます。

Column
オッド・ハーキンスの法則

　原子核は陽子と中性子の複合体です。原子核について重要なのは、陽子の数と中性子の数は同じであるときが、そうでない場合に比べてより安定であるという性質であす。そしてもう一つは陽子、性子はそれぞれ偶数個で対を組んだ方がより安定であるという性質です。この2つの性質により安定の原子核は、おおむねの傾向として陽子数=中性子数となり、しかも偶数陽子＋偶数中性子の組となる場合が多くなります。

3-2

大気圏の5つの層

　地球を取り巻く気体の層は大気圏と呼ばれ、500kmほどの厚さを持っています。大気圏は、その高度によって気体の組成や性質が複雑に異なっていますが、上下方向に五つの層に区分することができます。下から順に①対流圏、②成層圏、③中間圏、④熱圏、⑤外気圏です。私たちの生活に最も関係があるのは対流圏であり、高度0km（地上）から約11kmまでの間になります。この層の気体が一般に空気と呼ばれるものです。

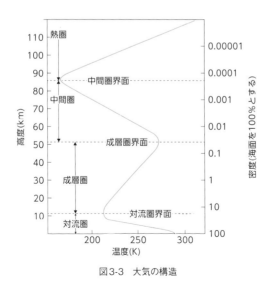

図3-3　大気の構造

対流圏と天気の関係

　対流圏の特徴は地表に接しているということです。そのため、地表の熱がダイレクトに伝わってきます。太陽に照らされた地表が熱くなると、その熱を受け取った気体は膨張して比重が小さくなり、上昇気流となって高空に達します。すると熱い地表を離れたこと、および高空に達して気圧が低くなり、断熱膨張したことなどによって温度が下がります。すると中に蓄えられていた水蒸気が液化して氷や雨となり、空中を落下します。

　このような変化は平坦な平野でだけ起こるものではありません。山岳地帯、森林地帯、海岸地帯、更には洋上でも起こります。すると大気は垂直移動だけではなく、水平移動をも起こすことになります。つまり風が起こり、雷が起こり、嵐となるのです。

　ということで、対流圏の大気は常に撹拌され続けます。これが対流圏と呼ばれるゆえんです。

　対流圏の一つの特徴は、垂直方向の気温の変化割合が大きいことです。すなわち高度とともに気温が著しく低下するのです。平均的な気温低下は100mにつき約0.65℃であることが知られています。つまり、標高3000mの山に登った場合、標高0mの場所よりも約20℃も低い気温になるということです。

　対流圏は更に上下に分けることができます。対流圏の下部では大気と地表の間に摩擦が生じますが、対流圏上部ではそのような摩擦

はありません。このようなことによって対流圏下部と対流圏上部では、その気象現象の特徴がやや異なっています。この違いを基に対流圏を次の三つの層に分けることができます。

- 接地層：海抜0mから100mまでの層
- エクマン層：海抜100mから1kmまでの層
- 自由大気：1kmから11kmまでの層

接地層では地面との摩擦の影響が大きいために、大気の運動、乱流が不規則で活発となります。エクマン層ではコリオリの力、気圧変化、地面との摩擦力、この三つの力がつりあって大気が運動しています。

自由大気ではその名の通り、地面との摩擦の影響はなく、大気が自由に運動しています。なお、これらの層の高さは、緯度によって異なるほか、地形、季節、時間帯によっても異なることが知られています。

ジェット気流

対流圏上部ではジェット気流が流れており、高度約11km付近で風速が最大となります。例えば日本上空を流れる偏西風の場合でも高度11km付近が風速最大となります。このようなジェット気流が対流圏における水平方向の大気運動のなかで最大なものの一つとなって

います。対流圏では水平方向の運動だけでなく、鉛直方向にも大規模な大気の運動があることが知られています。例えば赤道付近の熱帯で暖められた空気が上昇し、亜熱帯高圧帯で下降するハドレー循環などの大気の大循環がその良い例といえるでしょう。

このように対流圏は、水平方向にも鉛直方向にも大気が絶えず運動している、大気活動の盛んな層なのです。また、対流圏とその上の成層圏の境目、高度約11km付近を対流圏界面といいます。ただし、この面の高さは季節、緯度によって変化します。一般的な高度は、赤道付近で17km、極付近で9km、中緯度で11kmであることが知られています。

気体の成分

地表付近の大気、つまり一般にいう空気の主な成分は表に示した通りです。比率が高い順に、窒素N_2が78.08%、酸素O_2が20.95%、アルゴンArが0.93%、二酸化炭素CO_2が0.03%となっています。

水蒸気は最大4%程度になりますが1%を下回ることもあり、場所や時間によって大きく変動します。このような水蒸気の影響を除くため、一般的に地球大気の組成は水蒸気を除いた乾燥大気での組成で表されます。

二酸化炭素、オゾンO_3のほかいくつかの微量成分の濃度も場所

や季節によって大きく変化します。その原因は、地表にそれらの気体の発生源や吸収源が存在するためで、例えば二酸化炭素は、空間的には都市部で濃度が高くなります。また季節的には、植物の活動が活発化し、光合成による二酸化炭素消費が激しくなる夏には濃度が減少します。

表3-2 乾燥空気の主な組成（国際標準大気、1975年）

成分	化学式	体積比
窒素	N_2	78.0
酸素	O_2	20.9
アルゴン	Ar	0.93
二酸化炭素	CO_2	0.039
ネオン	Ne	0.0018
ヘリウム	He	0.00052
メタン	CH_4	0.00018
クリプトン	Kr	0.00011
二酸化硫黄	SO_2	0.0001
水素	H_2	0.00005
一酸化二窒素	N_2O	0.000032
キセノン	Xe	0.0000087
オゾン	O_3	0.000007
二酸化窒素	NO_2	0.000002

なお二酸化炭素CO_2、メタンCH_4、一酸化二窒素N_2O、六フッ化硫黄SF_6、フロン類$CFCl$などの温室効果ガスの濃度は、20世紀中盤以降増加を続けています。

　硫黄Sの酸化物にはSO、S_2O_3（$SO_{1.5}$）、SO_2、SO_3、など多くの種類があります。これらをいちいち名前や構造式で示すのは面倒ですし、あまり意味もありません。そこで適当に、硫黄Sがx個の酸素Oと結合したものという意味でまとめてSOxと書くことにしました。読み方もそのままソックスということにしたのです。

　全く同じ意味で、窒素Nの酸化物をまとめてNOx（ノックス）と表記します。

　排気ガスなどに含まれて大気汚染を引き起こすソックス、ノックス、一酸化炭素CO、炭化水素C_mH_nなどいくつかの気体成分は、固体の浮遊粒子状物質などとともに常時測定が行われています。日本ではこれらの気体が高濃度になった際には、都道府県が大気汚染注意報を発表して排出制限や住民への注意の呼び掛けを行うシステムが稼働しています。

　なお、水蒸気、二酸化炭素、オゾンは地表付近に発生源があるため、高度によって比率が大きく変化することが知られています。これら以外の主成分は、高度上昇とともに気圧が下がっても比率は一定で、高度90km付近まではほとんど変化しません。

対流圏より上方の大気構造

先に見たように、地球を取り巻く大気の層は、下から順に①対流圏、②成層圏、③中間圏、④熱圏、⑤外気圏です。高度が高くなるにつれ、気圧や密度が単調に低下するほか、大気の流れの性質、分子組成などが変化してゆきます。

各層の特徴

対流圏より上方にある各層の特徴を見てみましょう。

成層圏　11 ～ 50km

対流圏とは反対に、高度とともに気温が上昇します。成層圏という名称からは、この層は対流圏のような大気攪拌のある層ではなく安定した成層であるかのような印象を受けます。たしかに対流圏ほどの攪拌はありませんが、かといって完全に層となっているわけでもありません。

成層圏が発見されたのは100年も前のことであり、この頃の報告が名前の由来になったようです。現在では成層圏でも上下の対流はあり、風も吹くことが知られています。

この層の一つにオゾンホールで良く知られた、オゾンO_3の多いオゾン層が存在します。

中間圏　50 ～ 80km

　高度とともに気温が低下します。成層圏と中間圏は1つの大気循環で混合しているため、2つをあわせて中層大気と呼ぶこともあります。

熱圏　80 ～約800km

　高度とともに気温が上昇するのが特徴です。ただしこの気温というのは、気体分子の持つ熱エネルギーの事をいうのであり、温度計が示す温度の事をいうのではありません。気体分子の密度が小さいので、その熱を実際に感じることはありません。熱圏に普通の温度計を置いたら、零下の低い温度を示します。熱圏と外気圏との境界は定義が難しく500 ～ 1,000kmと幅があります。

　また、国際航空連盟やNASA（アメリカ航空宇宙局）は便宜的な定義として、高度100kmより外側を宇宙空間とする定義を用いています。

━━ Column

熱圏の温度

　熱圏の温度には誤解しやすい記述が見受けられます。多くの本では、熱圏の温度は700℃や2000℃などとなっています。しかし、何もかもが溶けたり燃えてしまうような領域ではありません。

　いわゆる気温というのは飛び回る気体分子1個がどれだけのエネルギーを持っているかということです。熱圏の分子は紫外線によってものすごい熱エネルギーを持っていますが、その分子の個数はゼロ

に近く、物体に衝突しないので全体の温度はほぼ上がらないということとです。

その他の区分

大気には、これまで見てきた分類とは別の視点から命名されているものもあります。

オゾン層

高度約10〜50kmで成層圏の中にあります。普通の酸素分子O_2は2個の酸素原子が結合した分子ですが、オゾンO_3は3個の酸素分子が結合した不安定で反応性の高い分子です。

地球にはあらゆる方向から宇宙線が飛んできます。宇宙線は各種の放射線やX線、紫外線など非常にエネルギーが高いもので、生体に与える被害は甚大です。

もし、この宇宙線がそのまま地表に届いていたら地球上の生命体は死に絶えたどころか、そもそも生命体は誕生しなかっただろうとさえいわれています。しかし、地球上には生命体があふれています。それはオゾン層が天然のバリアーとなって宇宙線を遮ってくれているからです。

ところが1985年、南極上空のオゾン層に穴が空いていることが分かり、オゾンホールと名付けられ、大きな問題となりました。この穴から宇宙線が侵入し、皮膚がんや白内障が増えているというのです。

　調査の結果、原因は自動車のエアコンや、スプレーガスなどに用いられた合成化学物質フロンであることがわかりました。そのため、フロンの製造と使用が制限され、現在は回復に向かっているようです。

均質圏・非均質圏

　大気成分がほぼ均質な層であり、地表から80～90km付近までを指します。この外側を非均質圏といい、高度が上がるにつれて分子量の大きい成分から順に減っていきます。

　分子量（密度）に応じた気体が分離し、約170km以上では酸素が主成分、約1,000km以上ではヘリウムが主成分、さらに外側の数千km以上では水素が主成分というふうに変遷していきます。

電離層

　大気中の原子や分子が主に紫外線を受けて光電離し、イオンが大量に存在している層です。中間圏と熱圏の間にあたる60～500km付近に存在します。この領域は電波を反射する性質があります。この性質を用いて電波による長距離通信が可能になりました。

磁気圏

　地球磁場と太陽風の圧力がつり合う境界の内側の事をいいます。高度1,000km以上になります。その他に、太陽側に高度6～7万

km、太陽とは逆側に100万km以上の尾を引いています。オーロラの原因になる圏です。

　磁気圏の中で地球に近い内側領域には太陽からの高エネルギー荷電粒子の密度が特に高い領域があります。これはヴァン・アレン帯といわれ、放射線の放出が強いことで知られています。特に赤道上空で顕著です。

プラズマ圏

　低温のプラズマがほぼ地球の自転とともに回転している層です。赤道で高度2万km程度以下の領域になります。

地域による大気分布

　大気の分布は垂直方向で異なるだけでなく、水平方向でも異なります。しかしこの場合の分布は大気の構成成分の分布ではなく、その気体の持つ熱エネルギーの分布の要素が大きくなります。その結果、この熱分布は風などの気象条件を支配する要素となります。

地球の熱輸送

　対流圏には常に大気が循環していますが、その基本は赤道地帯で受け取った太陽熱がいかにして全地球表面に伝わっていくかということになります。このような伝播の手段の中で特に重要なのがハドレー循環です。赤道付近では、太陽の放射熱により暖められた海面付近の空気が上昇しています。この上昇気流は対流圏最上面に到達すると冷却されて密度を増し、水平に向きを変えます。南北に向かった空気は緯度30度付近で下降気流となり、地表付近で再び赤道に向けて空気が集まるというように、ひとつながりの大気の循環ができています。これをハドレー循環といいます。

　赤道を挟んだ低緯度地帯で起こる上昇気流の中心線を熱帯収束帯あるいは熱帯低気圧帯と呼びます。熱帯収束帯には北東・南東から

の貿易風が吹きます。また、南北両極を中心とした高緯度地帯は、地表冷却による下降気流を原動力とした極循環があります。そしてその中間の中緯度地帯には偏西風という西風が吹きます。

結局、地球の大気は太陽放射の量が最も多い赤道と最も少ない北極や南極との間での熱輸送を担っており、これにより水平方向に循環構造を持っていることになります。

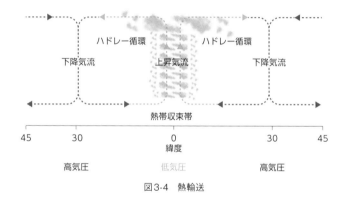

図3-4　熱輸送

━━━ Column

海流による熱輸送

　地球の熱輸送は大気と海水による二段構えで行われています。海水は親潮や黒潮等の海洋表面の海流の他に、海底数千メートルの深部から海洋表面に掛ける海流である海底大深層流によって海水を撹拌しています。これによって熱の輸送と撹拌を行っているのです。

3-5

地球以外の惑星の大気組成

　太陽をはじめとする多くの恒星は惑星を持っています。同じように「星」といいながら、恒星と惑星では決定的な違いがあります。

　恒星というのは基本的に水素ガスの塊であり、内部では水素原子の核融合反応によって熾烈な反応と莫大なエネルギー放出が行われています。それに対して惑星というのは基本的に岩石の集合体であり、それが輝いて見えるのは惑星の公転中心にある恒星の光を反射してのものです。

　地球は太陽の惑星なので、もちろん発光はしません。地球が宇宙船からみると水の惑星として明るく見えるというのは、恒星である太陽の光を反射しての話であり、地球の惑星（衛星）である月が輝いて見えるのも太陽の光を反射してのことにすぎません。

惑星の大気

　惑星の周囲に重力で引きつけられている気体を惑星大気と呼びます。恒星に比べて、多くの惑星は小さく、したがって重力も弱いです。その結果、惑星には気体成分が存在しない、あるいはもし存在しても、密度の大きい気体、すなわち分子量の大きい重い気体が優先し

て存在する（残る）ことになります。

　また太陽からの距離も決定的な要素になります、太陽に近ければその熱によって分子量の小さな分子は気化して気体になります。そして強烈な太陽風によって吹き飛ばされ、大気は無くなってしまうことになります。これらのことから、太陽系で考えると大気が存在する可能性のある惑星として金星、地球、火星が考えられることになります。

表3-3　地球型惑星と木星型惑星

地球型惑星			木星型惑星		
	大気の割合	大気の割合		大気の割合	主成分と割合
水星	ほぼ0	Na,Kなど	木星	97-100%	H_2 (86.3%)
金星	9.9×10^{-5}%	CO_2 (96.5%)			He (13.5%)
		N_2 (3.5%)	土星	76-92%	H_2 (90%)
地球	8.5×10^{-7}%	N_2 (78%)			He (10%)
		O_2 (21%)	天王星	5-15%	H_2 (83%)
		^{40}Ar (1%)			He (15%)
		H_2O (微量)			CH_4 (2%)
火星	3.9×10^{-8}%	CO_2 (95%)	海王星	5-15%	H_2 (79%)
		N_2 (3%)			He (18%)
		^{40}Ar (2%)			CH_4 (3%)

金星・火星の大気

　地球の近傍軌道を回る金星、火星の大気の主成分は二酸化炭素であることが明らかにされています。地球では二酸化炭素が地殻に石灰岩$CaCO_3$などの炭酸塩鉱物として固定されたため、大気の主成分は炭酸ガスを除いた窒素と光合成で生まれた酸素となりました。

　両惑星の大気圧を比べると、火星の大気圧は地球の100分の1以下、さらに金星の10,000分の1以下です。両惑星とも、過去に存在したであろう厚い大気の大部分は宇宙空間に散逸したと考えられます。

　大気の存在は人間にとっての毛布の存在のようなものです。この毛布の存在によって地球表面付近の温度は安定し、温暖になります。地球上で生命体が存在できた大きな理由は、地球上で液体の水が、固体の氷や気体の水蒸気にならずに存在することができたということです。現在の地球上では大気中の水蒸気、二酸化炭素が、それぞれ温室効果の6割、3割を引き起こしているといわれます。

木星より外側の大気

　地球の外側、火星のさらに外側を回る木星では温度が極端に低くなっています。そのため、地球型惑星では既に宇宙に飛散してしまった水素とヘリウムを主成分とするガスが表面付近では主成分となっています。

　これらの惑星は、惑星の成分そのものが気体のため、一般に圧力が10気圧以上の部分を「星本体」とみなし、圧力が10気圧以下の部分を大気と呼んでいます。

　木星では、アンモニア（NH_3）、硫化水素アンモニウム（NH_4SH）、水（氷）の雲層があることが知られています。土星にもアンモニアの

雲が確認されています。さらに外側の天王星、海王星にはメタン CH_4 の雲が存在しています。

　木星型惑星の大気は自転より遅い東風が吹く緯度帯と惑星の自転速度より速い西風が吹く緯度帯が縞のように交互に並んでいることが明らかになっています。これは西風が吹く緯度帯と、東風が吹く緯度帯が交互に現れる結果と解釈されています。

衛星の大気

　土星の衛星タイタンには窒素を主成分とする厚い大気が存在することが明らかになっています。タイタンのほか、海王星の衛星トリトンや冥王星にも希薄な窒素大気が存在することが確認されています。

　さらに水星の衛星では、非常に希薄なナトリウム、カリウムの大気が存在します。これは太陽風や紫外線の照射によりこれらの星の表面から放出された原子からなるものと考えられます。

　このように、多くの惑星、更にはそれを巡る衛星の大気が明らかになるにつれ、太陽系の誕生と成長、更には銀河系の誕生と成長、そして宇宙の誕生と成長、そして宇宙の今後の行く末が見えて来ることでしょう。これこそが科学の醍醐味ではないでしょうか?

● Column

月のヘリウム

　原子核には、陽子数(原子番号)が同じでも、中性子数が異なる

ため質量数の異なる物があります。この様な原子核を互いに同位体といいます。

ヘリウムには中性子を1個持つ^{3}Heと2個持つ^{4}Heの2種類の同位体があります。このうち^{3}Heは将来実用化されるであろう核融合炉の燃料として優れていると注目されています。

　ところが^{3}Heは地球の大気中では^{4}Heの100万分の1しか存在しません。しかし太陽大気中には0.0142%の割合で存在し、月面にも地球上よりはるかに多く存在することが知られています。これは太陽大気中には宇宙の初期においてビッグバン原子核合成の結果生成した^{3}Heが蓄積しているのですが、地球大気では地球創成期に存在していたヘリウムがほとんど全て宇宙空間に逸散してしまいました。現在の地球大気中に存在するヘリウムは大部分が岩石中のトリウムおよびウランなどのアルファ崩壊の結果生じたものであるからです。一方、月面においては太陽風から供給される^{3}Heが蓄積しているのです。1995年に探査機ガリレオが木星大気を測定した結果、^{3}Heと^{4}Heの比率は約1:10,000であることがわかりました。地球の100倍です。

　月面の岩石から^{3}Heの採掘を試みる研究も行われているといいます。中国ではそのためのプロジェクトチームが立ちあがっているとの話もあります。

第**4**章

気体分子の
種類と性質

4-1

軽いだけではない水素

　気体のうち、空気に含まれているものは前章で見ました。ここでは、良く知られているが、通常の空気には含まれていない気体の性質を見てみましょう

水素の誕生と産出

　第2章で見たように、水素は宇宙で最初にできた元素と考えられています。宇宙が誕生したのは今から138億年前に起きたビッグバンです。この時、宇宙のもととでもいうようなものが爆発し、飛び散りました。この時飛び散ったものが水素原子というわけです。ということで、宇宙に最もたくさん存在する原子は水素ということになります。

　水素ガスは、2個の水素原子が結合した水素分子H_2です。水素原子Hは最も小さくて軽い原子です。しかし、水H_2Oの分子量18を考えると、水素はそのうち2を占めています。つまり水の重さの1割以上は水素原子の重さなのです。そう考えてみると、水素の重さもバカにしたものではないことがわかります。

　空気に含まれる窒素ガスN_2や酸素ガスO_2、あるいはガス田から発生するメタンガスCH_4などと違い、水素ガスは天然には存在しませ

ん。人為的に作らなければなりません。

　工業的に大量の水素ガスを作る場合には、水の電気分解によって作りますが、実験室的に少量必要な場合は亜鉛 Zn と塩酸 HCl の反応で生成させます。ある種の金属と水を反応させても得られますが、危険な反応が多いので注意を要します。

$2H_2O \rightarrow 2H_2 + O_2$　（電気分解）

$Zn + 2HCl \rightarrow ZnCl_2 + H_2$

意外と危険？な性質と用途

　水素の電子は原子核の $+1$ の電荷によって引き付けられているだけですから容易に外れてしまいます。そのため、水素は $+1$ 価のイオン H^+ になろうとする傾向があります。

　水素は酸素 O_2 と反応して水 H_2O になりますが、この反応は非常に激しく、爆発的に進行します。体積比で水素:酸素＝2:1の気体は特に爆鳴気と呼ばれ、大きな爆発音を出すことで有名です。

$2H_2 + O_2 \rightarrow 2H_2O$

　水素はあらゆる気体、物質のうち最も軽い（密度が小さい）ため、気球などに詰める気体として利用されます。しかし、爆発性を持っているため、有人の気球（飛行船）などに利用するのは避けられます。

　20世紀の大事故のひとつにドイツの巨大飛行船ヒンデンブルグ号の爆発事故があります。乗客乗員35人、地上作業員1人の計36人

の犠牲者を出したこの事故は、飛行船に水素を詰めていたために起こったものでした。

　ドイツも、有人の飛行船には爆発の恐れのある水素ではなく、安全なヘリウムガスを詰めたかったのですが、当時ヘリウムを生産していたのはアメリカだけでした。ドイツはアメリカと交渉しましたが、ヘリウムを売ってもらえなかったといいます。断られた理由として、ヘリウムを渡したら原子爆弾の開発研究に使われる恐れがあったからだという説もあります。

水素をため込む金属

　水素は酸素と反応して水となる（燃焼する）ときに発生する燃焼エネルギーを利用して、水素燃料電池やスペースシャトルの燃料として使われます。また、ニッケル水素電池にも用いられます。

　このような水素を安全に貯蔵するためにはどうしたらよいでしょう? 実は水素はある種の金属には吸収されます。このような金属を水素吸蔵合金といい、マグネシウムなどは自重の7%ほどの水素ガスを吸うことが知られています。これは水素原子の小ささによるものです。金属は丸い金属原子が積み重なってできた結晶です。リンゴ箱の中にリンゴを詰めたような状態です。この中にリンゴを更に入れることはできませんが、リンゴとリンゴの間には隙間が空いています。この隙間には、リンゴは入れませんが小さな大豆だったら入り込むことができま

す。このようにして水素を貯蔵することができるのです。

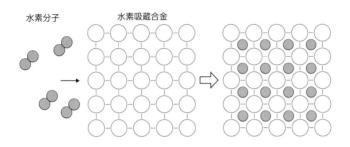

水素分子　　　　水素吸蔵合金

図4-1　水素吸蔵合金

Column

水素燃料電池

　一般に燃料電池というのは、燃料を酸素と結合（燃焼）して、その時に発生する化学エネルギーを電気エネルギーとして取り出す装置のことをいいます。

　ですから、発電所と同じ原理の発電であり、その意味で電池というより小型の携帯型発電機といった方が正しいようなものです。そのうち、燃料として水素ガスを用いる物を特に水素燃料電池といいます。

　水素燃料電池の仕組みは図のような物です。つまり、負極の表面に水素ガスH_2を通すと、電極表面の白金Ptの触媒作用によって水素が水素イオンH^+と電子e^-に分解します。H^+は電池内の電解液を通って正極に行き、eは外部回路を通って同じく正極に行きます。これが電流です。

　　正極には酸素ガスO_2が通っており、ここで正極表面の白金触媒の作用によってO_2とH^+とe^-が反応して水H_2Oになるというものです。

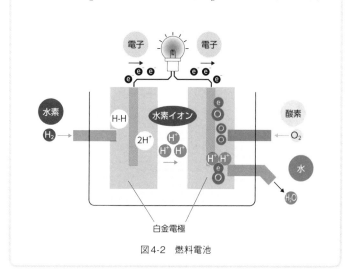

図4-2　燃料電池

様々な物質に含まれる水素

生命体を作る有機化合物は炭素C、水素Hが主な構成元素であり、そのほかに少量の酸素O、窒素N、硫黄Sなどを含みます。このように水素は生命体の構成に欠かせない元素です。そのほかには水H_2O、アンモニアNH_3、硫化水素H_2Sなどに含まれます。

重要なのは塩酸HCl、硫酸H_2SO_4、硝酸HNO_3、酢酸CH_3COOHなどの酸に含まれることです。これらに含まれる水素は水素イオンH^+として外れることができます。

$HCl \rightarrow H^+ + Cl^-$

$H_2SO_4 \rightarrow 2H^+ + SO_4^{2-}$

酸の性質はこのH^+の示す性質によるものであり、H^+の濃度が高いほど酸性度が強いことになります。

4-2

ハロゲン元素

周期表の17族はハロゲン元素と呼ばれます。ハロゲンとは酸と塩基の中和反応で生成する塩を形成するものという意味です。ハロゲン元素のうち、フッ素Fと塩素Clは常温常圧で気体です。

フッ素F

フッ素Fは天然界では蛍石（主成分：フッ化カルシウムCaF_2）などに含まれます。猛毒ですが、人体にわずかに含まれる微量元素です。しかし、必要量と過剰量の差が小さいため、大量に摂取する際には注意が必要です。過剰にとると骨硬化症、脂質や糖の代謝障害になる恐れがあります。歯を丈夫にする作用があるというので、水道水に混ぜることを主張する向きもあります。

フッ素は非常に強い酸化力を持ち、ほとんどすべての元素と反応します。水とも反応してフッ化水素HFと酸素O_2を発生します。フッ素は高分子の一種であるフッ素樹脂（商品名テフロン）の原料に使われます。フッ素樹脂は摩擦が小さいため、フライパンなどに塗布して、焦げ付きの防止などに使われます。また、撥水スプレーなどにも用いられます。

塩素Cl

塩素Clは食塩（塩化ナトリウム）NaClとして海水中にたくさんあるので、海水を電気分解して得ることができます。

塩素は強い毒性を持ち、第一次世界大戦では毒ガスとして用いられました。また、強い漂白、殺菌作用を持つため、塩素化合物はサラシ粉（次亜塩素酸カルシウム $CaCl_2O$）などとして漂白剤や水道水の殺菌などに用いられます。

塩素は各種の工業製品に欠かせません。プラスチックとして大量に使われるポリ塩化ビニル（エンビ）は塩化ビニル $CH_2＝CHCl$ を高分子化したものです。しかし、このような塩素を含む物質を低温で燃焼すると有害物質であるダイオキシンを発生することが明らかとなり、国内のごみ焼却施設は全て高温燃焼型に作り替えられました。

フロンは炭素、フッ素、塩素から作った人工の化合物であり、沸点が低いので各種スプレー、冷媒、発泡剤、さらには精密電子機器の洗浄剤として大量に生産使用されました。しかし、オゾン層のオゾンを破壊してオゾンホールを作るということがわかり、生産使用が中止されています。DDT、BHCなど塩素系の殺虫剤はかつて大量に生産されましたが、環境を汚すということで、現在は使われていません。

ポリ塩化ビニル　　　　　　　ダイオキシンの一例

図4-3　ポリ塩化ビニルとダイオキシン

臭素Br

臭素Br_2は比重3.12（気体空気の3.12倍の密度）の重くて赤黒い液体です。融点は-7.3℃、沸点は58.8℃ですから、寒いと固体になり、少し温めると気体になります。気体の臭素は赤黒い色を持ち、刺激臭があります。猛毒ですので取扱いには注意が必要です。

臭素は天然界では高級天然染料である貝紫に含まれ、産業的な用途としては、写真フィルムの感光材である臭化銀の原料として使われました。臭素化合物はフロンと同じように、オゾン層を破壊する作用があるので、徐々に使われなくなってきています。

ヨウ素I

ヨウ素I_2は融点185℃の赤黒くて金属光沢をもった固体です。液体を経由せず、固体から直ちに気体になる昇華性を持つため、固体のヨウ素をガラス瓶に入れておくと、内部に赤褐色の気体ヨウ素が溜まります。ヨウ素は天然界では海水中に含まれますが、生物濃縮され、海藻中に多量に含まれます。日本では千葉県の水溶性天然ガス中に含まれ、資源小国日本では珍しい輸出資源となっています。また、人間の甲状腺ホルモンであるチロキシンの構成要素でもあり、人体の必須元素でもあります。

核分裂ではヨウ素の同位体である^{131}Iが発生し、これは放射性であり、体に取り込まれると甲状腺にたまって、ガンなどを引き起こす可能

性があります。そのため、甲状腺をヨウ素で飽和させておくために、普通のヨウ素、^{127}Iを飲む必要があるといわれています。

　そのため、原子炉があって、放射線事故の可能性のある自治体では、万一のことを考えてヨウ素剤を用意してあります。しかし、事故が起こってから飲んでも大した効果は無いという説もあります。

　ヨウ素は消毒作用があり、アルコールに溶かしたものはヨードチンキと呼ばれて消毒薬に使われます。金は王水（硝酸HNO_3と塩酸HClの1:3混合物）以外の何物にも溶けないといわれますが、そんなことはなく、ヨードチンキには溶けることが知られています。

Column

金が溶ける液体

　金は本文で紹介した王水やヨードチンキ以外にも液体金属の水銀に溶けて金アマルガムという泥状の合金を作ります。

　ただし、金をヨードチンキに入れた場合は金Auがヨウ素I_2と反応して$[AuI_2]^-$や$[AuI_4]^-$というイオン（錯イオン）になって溶けているので、金が金属として溶けているのとは少し違います。

　金は猛毒の青酸カリKCNの水溶液にも$[Au(CN)_2]^-$というイオンを作って溶けます。金メッキや金の精錬ではこの反応を利用します。そのために青酸カリと同等品の青酸ソーダ$NaCN$は日本だけで年間３万トンも作られているといいます。

4-3

希ガス元素

　周期表の右端に縦に並ぶ18族元素は希ガス元素、あるいは貴ガス元素と呼ばれます。自然界に少なくて希少な気体元素であり、かつ反応性が乏しく、孤高を保つというような意味が込められています。18族元素は全部で6個ありますが、すべてが気体です。そのうちヘリウムとアルゴンは空気の成分として前章で見ましたから、ここではそれ以外の元素について見てゆくことにしましょう。

ネオンNe

　ネオンはネオンサインの光源です。ガラス管にネオンガスを詰め、中で放電すると赤い光を放つのです。これはネオンが電気エネルギーによって高エネルギー状態となり、それが元の低エネルギー状態に戻るときに放出されたエネルギーが赤い光となったものです（第5章参照）。

　金属元素の定性反応として良く知られる炎色反応は、高エネルギー状態にするエネルギー源として電気エネルギーではなく熱エネルギーを用いたものであり、原理的には電気発光と同じものです。

クリプトンKr

　クリプトンの実用的な用途は、アルゴンと同じように、白熱電灯に詰めてフィラメントの昇華を防ぐようなものです。アルゴンを吸い込んでから話すと、ヘリウムの場合とは逆に、声が低くなることが知られています。

キセノンXe

　ネオンサインと同じ原理でキセノンガス中で放電すると強い光を発するので、キセノンランプとして利用されます。また、断熱性が高いので二重ガラスの層間に詰めるガスとしても利用されます。麻酔作用があるので、手術に用いようとの試みもなされているようです。

ラドンRn

　ラドンにはいくつかの同位体がありますが、すべて放射性です。そのため、健康に良くないと指摘されますが、少量の放射性物質は逆に体に良いというホルミシス効果も知られており、最後は個人の価値判断の問題のようです。晩酌のようなものと考えれば良いでしょう。

　ラドンはウランUからラジウムRaを経由して原子核崩壊によって発生します。そのため、地下室や石造りの家にはラドンが多いといわれます。ラドンは他の希ガス元素に比べて水に対する溶解度が大きく、ラジウム温泉といわれる温泉にはラドンが溶け込んでいます。

揮発性有機化合物（VOC）

　揮発性有機化合物、またはVOC(Volatile Organic Compounds)
は、液体ですが常温常圧で大気中に容易に揮発する有機化学物質の
ことをいいます。

VOCとはなにか

　VOCの具体例としてはトルエン、ベンゼン、フロン類、クロロホル
ム、ジクロロメタン、ホルムアルデヒドなど、多くの種類があります。
これらは全て溶剤、燃料、あるいは化学反応の原料として重要な物
質ばかりであり、これまで幅広く使用され、現在も使用されています。
しかし、揮発して空気中に含まれ環境中へ放出されると、公害などの
健康被害を引き起こす恐れがあります。2000年度の国内全体での
排出量は、年間150万トンでした。

ベンゼン	トルエン	クロロホルム	ジクロロメタン	ホルムアルデヒド
	CH₃	CHCl₃	CH₂Cl₂	$H \atop H$ C=O

図4-4　VOCの例

対策

　VOCは光化学オキシダントと浮遊粒子状物質の主な原因であるため、2004年に制定された改正大気汚染防止法によって主要な排出施設への規制が行われることとなりました。

　しかし最近では住宅の気密性が高まったため、接着剤や塗料、家具などから発散されるVOCの対策が急務になっています。VOCには特有の臭いがあり、過剰に吸い込むと頭痛や吐き気、疲労を感じたり、化学物質過敏症（アレルギー）を起こすこともあります。ホルムアルデヒド$H_2C=O$によるシックハウス症候群はよく知られているところです。

Column

悪臭

　匂いや香りの原因物質はほとんどの場合が有機化合物です。バラの香りやバニラの香りは良い香りで芳香といわれます。しかし、クサヤの干物を焼く匂いや、ふなフナずしの匂いは芳香とはいい難いように思います。

　しかし匂いに慣れは付き物です。他の人には気になる匂いでも本人は全く気付いていないということはよくあります。香水もその一例です。エレベーターに乗ったときに、前の人の残り香にむっとした経験のある方も多いのではないでしょうか？

　また、最近のドラッグストアの化学薬品臭も相当なものと思います。化学実験室よりも強烈ではないでしょうか？ VOCが多いのは工場地帯に限りません。台所の調理の匂いだってVOCの一種なのです。

4-5

気体性無機化合物

　無機化合物で気体のものもあります。一酸化炭素CO、二酸化炭素CO_2、水蒸気H_2Oなどもそのようなものですが、ここではこれら以外で一般によく知られた無機化合物気体を見てみましょう。

フロン

　フロン類は、一般に炭素Cとフッ素F、塩素Clからできた化合物のことをいいます。フロンというのは日本での商品名で、世界的にはフレオンといいます。

　フロン類は天然界には存在しません、すべて人の手によって合成されたものです。フロン類には多くの種類があり、当然、種類によって性質は異なります。一般には無色・無臭で、熱的、化学的に安定です。常温常圧で気体、あるいは液体ですが、液体も沸点の低いものが多いです。そのため、冷媒、溶剤、発泡剤、消火剤、エアゾール噴霧剤などとして使用されます。

　1928年にフロン類として最初に合成されたフロン12（ジクロロフルオロメタンCCl_2F_2）は、フロン類の中では比較的毒性が低い方ですが、中にはトリクロロエチレン$Cl_2C=CHCl$やクロロホルム$CHCl_3$よ

り毒性の強いものもあります。大量に使用する環境では肝障害の発生報告例も知られています。

　大気中に放出されたフロン類は紫外線によって分解し、塩素ラジカル Cl・が発生します。ここで・は電子を表していて、ます。Cl・（塩素ラジカル）と Cl（塩素原子）は同じものです。これに電子がもうひとつ加わったものが塩化物イオン Cl⁻ になります。

　塩素ラジカルはオゾン層のオゾン O_3 と反応し、酸素分子 O_2 と一酸化塩素ラジカル OCl・になります。この時発生した一酸化塩素ラジカルは再度オゾンと反応し、塩素ラジカルへと戻ります。このサイクルが繰り返されると1分子のフロン類が何千個ものオゾン分子を破壊することができることになります。このようにしてオゾン層が破壊されるものと考えられています。

$CF_2Cl_2 \rightarrow CF_2Cl・+Cl・$

$Cl・+O_3 \rightarrow O_2+OCl・$

$OCl・+O_3 \rightarrow 2O_2+Cl・$

（・は電子を表す）

　フロン類は20世紀中盤には冷媒や溶剤として大量に使用されましたが、このようなオゾン層破壊の原因物質であるだけでなく、温室効果ガスとしても非常に強い影響を持つことが明らかとなりました。そのため、今日ではモントリオール議定書をはじめ、様々な国際協定や法律によって、先進国を中心に製造、使用には大幅な制限が掛けられています。

> **⊸ Column**
>
> ### 気体金属
>
> 　金属が気体になるというと不思議に聞こえるかもしれませんが、決して不思議なことではありません。水銀は357℃で沸騰して気体水銀になります。これを利用して奈良の大仏を金メッキしたことは第6章で見ることにします。金は2856℃で気体になりますし、鉄も2862℃で気体になります。火山の噴煙の中にはこのような気体金属も入っているかもしれません。
>
> 　金属が気体になるのですから、全ての有機物も加熱したら気体になりそうなものですが、有機物の場合には他の事情があります。それは熱分解するということです。分子量の大きな有機物は加熱すると気体になる前に熱によって分解してしまうことがあります。

硫化水素

　硫化水素の化学式はH_2Sで、天然には火山ガス、硫黄を含む温泉などに含まれますが、実験室的には硫化鉄に希硫酸を作用させて製造します。

$FeS+H_2SO_4 \rightarrow H_2S+FeSO_4$

　硫化水素は無色の有毒ガスであり、濃度が薄いと腐った卵のような匂いがしますが、濃度が濃くなると嗅覚が麻痺して匂いがしなくなるといいいます。そしてそのような濃度では吸うと同時に意識を失い、そのまま死亡するという恐ろしいガスです。

　濃度が60ppmを超えるガスを30分吸うと肺水腫が起き、

150ppmを超えると意識混濁、呼吸マヒの症状が現れ、800ppm以上だと即死するとされます。

　空気より重いため、窪地に溜まることが多く、スキーヤーが窪地に突っ込んで硫化水素を吸い、倒れてそのまま亡くなるというような事故も発生しています。温泉では顔が位置する浴槽の湯面近くにたまります。

　また、2002年にはマンホール内で清掃作業をしていた作業員5人が亡くなる事故も起きています。原因はマンホールの近くに積んであった建築廃材の石膏ボード（$CaSO_4$）が溶けてマンホール内に流れ入り、そこに棲んでいた微生物によって分解発酵し硫化水素を発生させたものでした。

　ある種の入浴剤と洗剤を混ぜると硫化水素が発生することがインターネット上に載りました。これを契機に硫化水素自殺が増加し、2008年1年間だけで1056人もの人が硫化水素自殺をし、社会問題となったこともありました。

塩化水素HCl

　塩化水素は無色の刺激臭を持つ気体であり、湿った空気中では白く発煙状態になります。天然には火山ガス中に含まれることがあります。水、アルコールなどによく溶け、水溶液は塩酸といわれ、胃液中にも含まれます。

　工業的には水素を塩素の中で燃焼させてつくります。実験室では濃硫酸に濃塩酸を滴下して発生させるか、塩化ナトリウムに濃硫酸を加え加熱してつくります。一般に塩ビと呼ばれるプラスチックであるポリ塩化ビニルの原料の塩化ビニル$H_2C=CHCl$など、各種有機塩素化合物の原料として欠かせません。

フッ化水素HF

　フッ化水素の水溶液はフッ酸と呼ばれる酸です。腐食性が非常に強く、危険な猛毒です。フッ酸は強い酸であり、ガラスをも侵しますので、ガラスの表面加工（エッチング）などに用いられますが扱いには十分な注意が必要です。吸引すると、灼熱感、めまい、頭痛、咽頭痛、嘔吐などの症状が現われ、目に入った場合は発赤、痛み、重度の熱傷を起こします。皮膚に接触すると、体内に容易に浸透します。フッ化水素は体内のカルシウムイオンと結合してフッ化カルシウムを生じさせる反応を起こすので、骨を侵します。濃度の薄いフッ化水素酸が付着すると、数時間後にうずくような痛みに襲われますが、これは生じたフッ化カルシウム結晶の刺激によるものです。また、浴びた量が多いと死に至ります。

　一方で歯科治療において人工歯（義歯）の製造工程にフッ化水素が使われます。また、虫歯予防にフッ化ナトリウムNaFの水溶液が使われることがありますが、HFとNaFのとり違いによる死亡事故が報

告されています。

　フッ化水素は原子炉の燃料であるウランの濃縮に使われます。すなわち固体金属のウランUとHFを反応すると気体の六フッ化ウランUF$_6$になります。これを遠心分離機にかけて、軽くて原子炉の燃料になる^{235}Uと、重くて燃料にならない^{238}Uに分離するのです。

　このようにフッ化水素は、ウラン濃縮や毒ガス兵器の製造にも用いられるため、輸出が統制される品目であり、日本の貿易管理においては、経済産業大臣の許可なく輸出することが禁止されています。

シアン化水素

　シアン化水素はシアン化カリウム（俗称青酸カリ）KCNやシアン化ナトリウム（青酸ソーダ）に酸を作用させると発生する猛毒ガスです。

　原始大気中に含まれていたとされる小さな分子の一つで、生物学的に重要な化合物の出発物質と考えられています。アーモンド臭といわれる特有の臭気があります。

　シアン化カリウムやシアン化ナトリウムの水溶液は金などの貴金属を溶かすので、貴金属メッキや貴金属鉱石から貴金属を得る場合に重要な試薬です。これらのシアン化物は天然界には存在しないため、人工的に作りますが、日本だけで年産3万トンといわれます。

　青酸カリの場合、経口致死量は200mgほどとされていますが、青酸ガスの場合、270ppmで即死、135ppmでは30分で死亡、

110 〜 135ppmで30分〜 1時間で危険または死亡するといいます。最大許容濃度は10ppmとされています。

　青酸カリなどを服用すると胃に入って胃酸（塩酸HCl）と反応して青酸ガスが発生し、それが食道を逆流して気管に入り、肺に達します。すると酸素運搬物質のヘモグロビンと不可逆的に結合して、ヘモグロビンの酸素運搬を阻害し、細胞に酸素が行き渡らなくなって生物は死亡します。このように毒が回っていくメカニズムは一酸化炭素の場合も同じです。このような毒を一般に呼吸毒といいます。呼吸毒というのは「息をができなくする」のではなく、肺は動いて息をしているのですが、吸った酸素が細胞に行くことができなくなるようにする毒なのです。

第 5 章

空気と光と色

光と色の関係

　私たちの身の周りにある多くの物質は色彩を持っています。この色彩はどのようにして発現するのでしょうか?一口に色彩といっても、様々な種類があることが分かります。同じ赤でもバラの赤とネオンサインの赤が同じとは思えません。空気の色といえば、空にかかる虹がありますが、CDの表面も虹色に見えます。これらは同じものなのでしょうか?

光のエネルギー

　太陽光発電を考えていただけばわかるように、光はエネルギーを持っています。色彩という現象は分子、原子と光のエネルギーの間で起こる相互作用によるものなのです。

　光は電磁波の一種であり、波と同じ性質を持ちます。つまり波長λ(ラムダ)と振動数ν(ニュー)を持ち、両者の積は光速cとなります。光速は同じ物質を通過している限り一定なので、波長が長くなるほど振動数が減り、短くなると振動数は増えるという関係にあります。

$$c = \lambda \nu$$

光のエネルギーは次式のように振動数に比例し、波長に反比例します。

$$E = h\nu = \frac{ch}{\lambda}$$

hはプランク定数と呼ばれる一定の値です。私たちが光として目で見ることのできる波長は400〜800nm (ナノメートル、1nm＝10^{-9}m) のものです。この波長範囲に虹の七色が全て入っていることになります。波長の短い、つまり高エネルギー側が紫であり、波長の長い低エネルギー側が赤になります。

図5-1　波長と波の種類

発光による色の見え方

　ネオンサインは光を出して輝いています。つまり、ネオンサインが赤いのは赤い光を出しているからです。普通の状態 (基底状態) の原子はエネルギーを貰うと、高エネルギー状態 (励起状態) になります。

　しかし励起状態の原子は非常に不安定です。ただちにエネルギー

を放出して元の基底状態に戻ります。この時、エネルギー E を熱エネルギーとして放出すれば発熱となりますが、光エネルギーとして放出すれば発光となります。

　全ての原子は発光しますが、私たちが良く知っているのはネオンサインのネオンNe、水銀灯や蛍光灯の水銀Hg、ナトリウムランプのナトリウムNaなどです。

　原子が吸収する光の波長（エネルギー）は原子によって固有の値を持ちます。したがって、物質によって固有の色の光を出すことになります。ネオンと水銀を比べると、ネオンの吸収エネルギーは小さく、水銀は大きいです。そのため、発光する時にも水銀は大きなエネルギーの光、つまり青白い光を出します。それに対してネオンは小さなエネルギーの赤い光を出します。

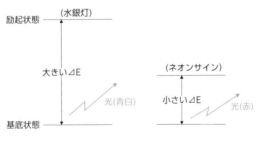

図5-2　発光の仕組み

バラはどうして赤く見える?

それではバラが赤いのはなぜでしょう?バラが光を出しているとは思えません。その証拠に、暗闇ではバラは赤いどころか、全く何も見えはしません。

私たちの目にバラが見えるのは、バラが光を反射しているからです。このように書くと思いもよらないかもしれませんが説明していきます。

反射といえば鏡です。しかし鏡には特別な色はついていません。それは鏡が入射した光をほぼすべて反射しているからです。一方でバラは青緑色の波長の光を選択して吸収しています。　太陽の光はあらゆる色の光が混じっている白色の光です。そこから特定の色の光を吸収したら(取り除いたら)残りの光は反対側の色に見えるということを表すのが図5-3の色相環と呼ばれるものです。バラが青緑の光を吸収した時、残りの光は青緑の反対側の色、赤に見えるのです。この時、赤を青緑の補色、同様に青緑を赤の補色といいます。

バラが赤く見えるのは、バラの花びらが青緑の光を吸収して残りの光を反射しているからなのです。気体にも色のついているものがあります。このような気体の色も、光吸収の原理によって発色しているのです。

5

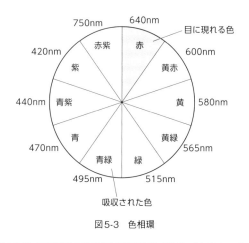

図5-3　色相環

> ◆◆◆ Column
>
> ### 混色
>
> 　色彩には三原色というものがあります。赤、青、黄色です。この三色を混ぜると色彩は消えて灰色になります。光にも三原色があります。赤（波長640nm）、緑（495nm）、青（470nm）です。この三色の光を混ぜると無色（白色）になります。
>
> 　光には黄色い光もあり、その波長は580nmです。ところが赤と緑の光を混ぜると黄色く見えます。これを混色といいます。これはどういうことでしょう?人間の眼というセンサーには、波長640nmの光に会うと赤という信号を脳に送るセンサー、495nmを緑として送るセンサー、470nmを青として送るセンサーの三種のセンサーがあるということではないでしょうか?
>
> 　そして640nmと495nmのセンサーが同時に信号を送ると、脳はその和を黄色の信号と思って誤作動するということでしょうか?
>
> 　同じような実験をアカゲザルを用いて行ったところ、この猿も混色

を黄色と認識したそうです。色彩は不思議です。もしかしたら、「赤い色」といいながら、あなたと私では違う色を見ているのかもしれません。

図5-4　光の三原色

5-2

青空、朝焼け、夕焼け

　晴れ渡った秋の空は深く美しい青色をしています。ところで、空が青いのはなぜでしょう？　空気の色でしょうか？　しかし空気の約80％は窒素であり、20％は酸素です。両方とも無色の分子です。微量ながら、水蒸気や二酸化炭素やアルゴンなども混じっていますが、いずれも無色の気体です。したがって空の青は空気の色ではないことになります。

空の色

　夜の空は真っ暗（真っ黒）です。光がないからです。昼の空が明るく青いのは太陽の光があるからです。しかし、明るいのは太陽の方向だけではありません。太陽と反対側の空も同じように明るくなっています。

　それに、バラの色についての説明でも出たように太陽の光は白色で、見え方によって黄色にも見えますが、空の青とは異なります。それでは空の色は何の色なのでしょう？

　太陽の光は、一見まっすぐに進んでいるように見えますが、酸素や窒素の分子に当たってさまざまな方向に反射されています。このことを

散乱と呼びます。その結果、散乱光は太陽の方向からだけでなく、あらゆる方向から目に飛び込んでくるので、空はどの方向を見ても明るいのです。そして、空が青く見えるのは散乱光が青いからなのです。

　散乱光が青いとはどういうことでしょうか？　光は粒子に衝突すると反射して散乱しますが、粒子が空気分子程度の大きさのときに起こる散乱をレイリー散乱といいます。レイリー散乱を起こす確率は光の波長の4乗に反比例します。波長をλとすると、$1/\lambda^4$となるということです。これは波長の短い光（青い光）ほど散乱されやすいことを意味します。青い光（波長400nm）と赤い光（700nm）で計算してみると青い光のほうが10倍も散乱されやすいことになります。

　そのため、空は太陽の光から散乱された青い光で一杯になり、青く見えるのです。水が青く見えるのも同じ原理です。光が水分子によってレイリー散乱されているのです。

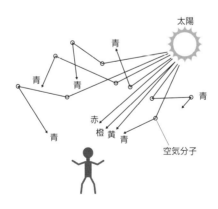

図5-5　空が青い理由

109

夕日が赤い理由

　太陽光はあらゆる波長の可視光を含みますから無色の白色光です。しかし、私たちの目に届くときには大気の層を通ってきます。その間に青い光はレイリー散乱された結果減ってしまいます。ですから、太陽は「黄色に見える」か、どうかはともかくとして、青の少ない、黄色がかった色に見えることになります。

　それでは夕日が赤く見えるのはなぜでしょう?夕日の時間帯には太陽高度は低くなります。ということは、太陽光は図に示したように、大気の層を長い距離l_2を通ってくることになります。昼の距離l_1とは比較になりません。太陽光は、このl_2を進む間にほとんどの青い光は散乱されてしまい、更に緑なども散乱されてしまいます。

　結局、最後に残った橙や赤など、波長の長い光だけが私たちの目に届くことになります。そのため、夕日は赤く見えるのです。朝焼けの空が赤いのも全く同じ理由によるものです。

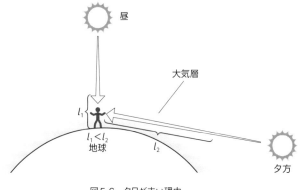

図5-6　夕日が赤い理由

雲の色は水の色?

　青空に対して雲は白く見えます。雲は水滴でできた霧の一種です。色の無い水滴の集まりが白く見えるのはなぜでしょう。雲が白いのも散乱のせいです。ただし、青空のようなレイリー散乱ではありません。

　雲は水滴や氷の集まりです。その直径は0.01〜0.1mmですから、可視光線の波長、0.0004〜0.0008mmに比べると100〜1000倍の大きさになります。このように大きなものが起こす散乱はミー散乱と呼ばれ、波長の選択性はなくなり、全ての波長にわたって散乱します。ですから、散乱光は全ての色が混じった白色となります。このため、雲は白く見えるのです。霧や霞が白く見えるのも同じ理由です。ただ、太陽光をどれだけ透過するかによって、厚い雲は黒く、薄い雲は白く見えるのです。

　工場の煙突が出ている煙はどうでしょう。以前は煙突から出る煙には灰やすすが含まれていいましたが、現在は環境対策が進み出ているのはほぼ水蒸気だけです。ですから見え方は雲と同じで、薄ければ白く、濃ければ光をさえぎって黒く見えます。

5-3

虹の色

　太陽の光と大気が作り出す壮大な光のドラマはたくさんあります。最も身近な例は虹でしょう。

虹が見える理由は屈折と反射

　虹が見えるためには条件があります。まず雨上がりなどで、空気中に十分な量の水滴が存在していなければなりません。この空気中の水滴に太陽光が散乱されることによって虹ができるのです。この条件は滝などでも満たせます。ですから、大きな滝のそばには虹が見えることがよくあることになります。ナイアガラやビクトリア大滝の写真にはほとんど必ず虹が出ているのはこのような理由です。そして次の条件は、観察者の後ろ側から光 (太陽光) が差し込むことです。虹は、これらの条件が重なったとき光の屈折と、水滴による全反射によって起こる現象です。

　光が異なる媒体に入射するとき、その進路が曲げられる現象を屈折といいます。ですから、空気という媒体中を進んできた光が、水滴 (水) という異なる媒体に入るときには屈折が起こります。しかし、進路の曲がる程度、屈折率は光の波長によって異なります。波長が短いものほ

ど大きく曲がります。そのため、水滴に差し込んだ光はプリズムに入射したように、その成分 (波長つまり色) に分割されることになります。

虹が半円のわけ

分割された光が水滴の中を進むと、空気との境に行き当たります。このときの水滴面と光の角度が問題で、角度が小さければ光は空気中に出てしまいます。しかし、角度が大きいと全反射して、元の方向に戻ってから空気中に出ることになります。

空気中に出た光の方向は色彩によって大きく異なります。波長の長い赤い光は下向きに、波長の短い紫の光は上向きに射出されます。したがって、1個の水滴から出た光すべてが目に届くことはありえません。1個の水滴からは、分割された光のうち、1種類 (一つの色彩、ある狭い波長帯域) の光だけが目に届きます。すなわち、空の上方にある水滴からは下向きに出た赤い光が、下方の水滴からは上向きに出た紫の光が届くことになります。このため、虹の色は外側 (上方) から順に赤、橙、黄、緑、青、藍、紫となるのです。これが虹として私たちの目に届くのです。しかし、全反射して目に届くためには、入射光に対して一定の角度になる必要があります。この角度は赤で42°、紫で40°です。これが、虹の形が半円である理由です。目を中心にして一定の角度でだけ現れるのです。また、半円なのは、下半分は地面になってしまうからです。

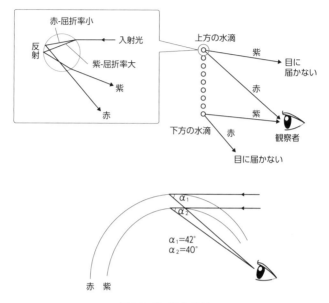

図5-7　虹が見える理由

様々な虹

虹には7色のアーチ状のものの他にもいろいろあります。

副虹

虹の外側にもうひとつ薄い虹がかかることがあります。これを副虹と言います。副虹は入射光が雨滴内部で2回反射することによって起こります。

白虹

雨粒を構成する水滴が大きければ、虹の幅が狭くなり、色は濃くなります。反対に水滴が小さすぎると、ミー散乱によって色が分かれず、白い半円になります。これを白虹と言います。

赤虹

白虹が出たとき、朝焼けや夕焼けで太陽光線が赤みを帯びていると、白虹が赤く見えることがあります。これを赤虹と呼びます。

> **Column**
>
> ### ニュートンとゲーテ
>
> ニュートン（1643 ～ 1727）といえばニュートン力学を確立した物理学の天才、ゲーテ（1749 ～ 1832）といえば『若きヴェルテルの悩み』などで知られた文豪です。しかし、画家で科学者でもあったレオナルド・ダ・ヴィンチと同じようにゲーテも色彩論、形態学、生物学、地質学、更には政治、経済にまで一家言を持った博識の天才でした。
>
> そのニュートンとゲーテが共に色彩に興味を持ち、独自の立場から研究を続けていたというと興味を惹かれます。しかし二人の色彩に対するアプローチの仕方、その結果研究対象としたものは大きく異なっていました。
>
> ニュートンは本書の内容でいえば、発光や光の吸収に基づく色彩を研究しました。それに対してゲーテは、ドイツの森はなぜ紫にくすむのかということに端を発する虹や干渉色など、現代でいえば構造色といわれる分野に関するものでした。

5-4

空気が起こす不思議な現象

　蜃気楼は沖合にある建物が縦長に見えたり、逆さに重なって見えたりする幻想的な現象です。昔は海に住む大ハマグリ（蜃）が吐き出す呼気によって起こる怪現象と考えられていたそうですが、現在では気象現象として合理的に説明されています。

温度差による現象（陽炎、蜃気楼）

　家庭の仏壇や、お寺の本堂で灯っているロウソクの炎はユラユラ動いて見えます。また、春の小川のほとりで見ると、小川の縁の景色が揺らいで見えます。この様な現象を一般に陽炎といいます。陽炎は空気の温度差があるところでは光が曲がって進行するという現象に伴って起こる現象です。

　蜃気楼も、空気に温度差がある場合に限って現れる現象です。しかし、陽炎はほんの一部分だけの温度差で現われる現象ですが、海や湖に発生する蜃気楼は、大きな範囲の暖気団と冷気団によって現れる現象なのです。

　蜃気楼は、冷たい空気の層（冷気団）と温かい空気の層（暖気団）の境目を光が通るときに、光が曲がることによって起こる虚像なのです。

蜃気楼には、暖気団と冷気団の上下の位置関係によって、上位蜃気楼と下位蜃気楼があります。遠くの景色が上の方に変化するものを上位蜃気楼、下の方に変化するものを下位蜃気楼といいます。下位蜃気楼は時々現れますが、上位蜃気楼を観察できる機会はあまり多くは無いようです。

　上位蜃気楼は冷気団が下方、暖気団が上方に位置した場合に起こる蜃気楼です。冷気・暖気の境目での温度変化が緩やかな場合には、光は緩やかに曲がって上方にのびます。そのため実像の上に虚像が重なり、沖合の船は縦に伸びて2階建てのように見えます。

　一方、温度変化が急激なら光は大きく曲がって上方に反転します。そのため実像の上に逆さになった虚像が重なり、船は逆さになって重なったように見えます。また、太陽の形が四角く見えたり、マッシュルーム型に見えたりすることもあります。

5

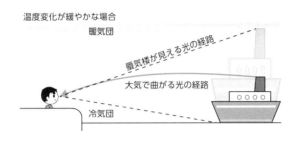

温度変化が緩やかな場合

暖気団

蜃気楼が見える光の経路

大気で曲がる光の経路

冷気団

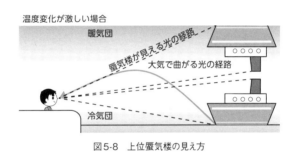

温度変化が激しい場合

暖気団

蜃気楼が見える光の経路

大気で曲がる光の経路

冷気団

図5-8　上位蜃気楼の見え方

　下位蜃気楼は、遠くの景色が下に反転するタイプが多いです。代表的なのは浮島現象といわれるものです。建物の上の空が、建物の下に反転するため、建物が浮いているように見えます。他にも、太陽がだるま型などに変化して見えることもあります。

　下位蜃気楼は全国どこの海でも見られて、比較的寒い時期に多くなります。それは、冬でも海水は暖かいので、下位蜃気楼の現れる「暖かい海面の上に冷たい空気の層がある」という状況が起こりやすい事によります。

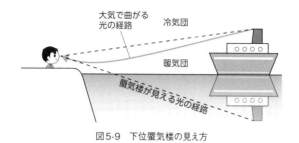

図5-9　下位蜃気楼の見え方

真夏に見える水の幻（逃げ水）

　一般には蜃気楼と思われていませんが、蜃気楼と同じ原因で起こる気象現象に、"逃げ水"と呼ばれるものがあります。これは夏の道路によく見られる現象で、道路を歩いていると、遠方に水たまりがあるように見える現象です。ところが、その水たまりに近づくと水たまりは消えて無くなります。そのために"逃げ水"といわれるのですが、素晴しい命名と思います。

　実はこれも下位蜃気楼の一例なのです。実際には水たまりはありません。しかし、夏の強い日光に照らされて熱くなった地面と、その上の空気との境目で光が曲がることで起きた、下位蜃気楼の一現象なのです。

119

空気が見せる妖怪?（不知火）

日本にも妖怪だと思われていた蜃気楼があります。熊本県の八代海で見られる不知火がその典型例です。

しかしこの現象は、鏡映蜃気楼とよばれる蜃気楼が原因であることが明らかになっています。漁船の光が横にのびることで、実際よりたくさんの光がゆらめいて見えるのです

普通の蜃気楼は上下で空気の温度差があることによって起こりますが、不知火の場合には横方向の温度差があるために起こったものといわれています。

日本は地形が複雑であり、それに伴って海流も、それによって起こる海面の温度変化もいろいろです。それに伴ってまだまだ複雑な、大気と水面が織りなす気象現象が明らかになるかもしれません。楽しみなことです。

> ━━ Column
> ## ブロッケン現象
>
> ブロッケン現象とは、太陽などの光が背後から差し込んで、自分の影が前方の雲に移り、その周りに色のついた光の輪が現れる現象のことをいいます。名前の由来はドイツのブロッケン山でよく見られることから名付けられました。
>
> 日本では雲に映った影があたかも阿弥陀如来に見え、その周りの色の着いた光の輪が阿弥陀如来の背にする光のように見えることから御来光と呼ばれています。現在では夜の間に高山に登って、明け方

に現われる太陽を拝むのが御来光を拝むとされていますが、昔は太陽の反対側を拝むのが御来光を拝むとされていたといいます。

図5-10　ブロッケン現象

5

オーロラ

空気がかかわってくる現象にはオーロラがあります。

オーロラの原理

恒星である太陽では、水素原子が融合する激しい核有合反応が進行しています。それに伴って太陽風、放射線などと呼ばれる素粒子が放出され続けています。この素粒子には、α線と呼ばれるヘリウム原子核、β線と呼ばれる電子等のプラズマ、γ線と呼ばれる高エネルギー電磁波、などがあります。プラズマというのは、原子を構成する素粒子のうち、プラスの電荷を保持した各種原子核、あるいはマイナスの電荷を持った電子のことをいいます。

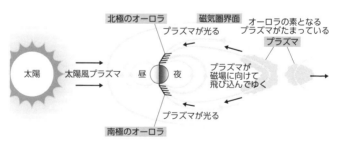

図5-11　オーロラの原理

このような太陽からの素粒子の「風」は常に地球に吹きつけています。太陽風はそのまま地表に吹き付けるわけではなく、地球の持っている磁気の影響によって進路が変わります。その結果、素粒子は太陽とは反対方向、つまり地球の夜側へと吹き流されてプラズマシートと呼ばれるシート状の領域に溜まります。

このプラズマシート中のプラズマが何らかのきっかけで地球大気（電離層）へ高速で降下することがあります。このプラズマは地球の磁力線に沿って、極地帯に流れ込みます。この時にプラズマが大気中の気体分子や原子と衝突すると、これらの粒子が高エネルギーを持った励起状態になり、それが元の基底状態に戻るときに発光します。これがオーロラの基本原理です。

オーロラの秘密

オーロラの色は複雑であり、それがどのようなメカニズムによって起こるのかはまだ明らかにはされていません。しかし実際には観測される色と出現する高度にはおおまかに相関関係があることが知られています。それによると、高度およそ数百kmにある窒素分子が、入射してきた電子によって発光すると501.4nm近辺（青）と427.8nm近辺（紫）の光を出すといいます。

一方、高度がおよそ150 ~ 200kmの領域では酸素原子が励起されます。それによって酸素原子は波長630nmの光を出し、人の目に

は赤く見ます。このようにしてオーロラは青から赤まで複雑な光のレースカーテンを作ることが出来るものと考えられています。

南国でオーロラ？

オーロラは寒い地域でしか見えません。現在、地球温暖化が進んでいます。ということはそのうちオーロラは見えなくなるということでしょうか？そんな心配をすることはありません。オーロラの発生は地上の気温とは関係ありません。

しかし、地球的規模の長期的な気候変動とオーロラの発生には、統計的な関係があること明らかになっています。というのは、太陽活動が気候変動とオーロラの出現の両方に効いているからです。

ただし、これでいくと、「温暖化→オーロラ消滅」の推論とは逆で、地球温暖化はオーロラ活性化につながることになりそうです。最近の人工衛星の観測によると、太陽からの光のエネルギー総量と黒点の数（つまり、太陽活動度）には、正の関係があることがわかってきました。そして長い目で見ると太陽活動度は活発化しているようです。ということはいつか『ワイキキの浜辺でオーロラ見物』という旅行会社のポスターが出る時代が来るのかもしれません。

第 **6** 章

空気の物理的性質

気体の特徴

　空気は気体です。ところで、そもそも気体とはどのようなものでしょう。水は液体で氷は固体だというのはご存じだと思います。では水の気体とはどのような状態のことをいうのでしょうか。湯気や霧はどのような状態なのでしょうか。

　一般に、固体（結晶）、液体、気体などを物質の状態といいます。同じ物質でも温度や圧力が変化すると状態は変化します。

物質の三態

　すべての物質は温度や圧力が変化すると状態を変化します。水は温度の変化に応じて固体（結晶、氷）、液体（普通の水）、気体（水蒸気）と変化します。このとき、水の分子そのものは何の変化もしていません。ただ、集まりかたが変化しただけなのです。

　結晶状態にある分子は三次元に渡って整然と積み重なり、振動をすることはあっても、重心の移動や分子の方向の変化はありません。つまり結晶状態では位置の規則性と方向の規則性が保たれているのです。

　しかし液体状態になるとこのような規則性は無くなってしまいます。

分子は自由に移動するようになります。分子は位置を交換する（すり抜ける）ようにして移動します。そのため、物体としての密度、比重は固体状態と液体状態で大きく変化することはありません。例えば氷と水の密度は、水（0.9997）に対して氷（0.92）程度と、ほぼ同じ程度になっています。水は液体の方が固体よりも密度が高くなる数少ない例で、大抵の場合は固体の方が密度が高くなります。

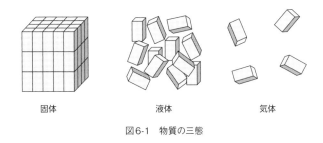

固体　　　　　　　　液体　　　　　　　気体

図6-1　物質の三態

気体状態の分子運動

水の気体である水蒸気の密度は0.0023と急激に低下しています。これは結晶と液体の間の変化と液体と気体の変化の間には大きな乖離があることを示すものです。気体状態では、分子は激しく飛行し、その速度は秒速何百メートルにもなります。このような気体分子が物質に衝突する力が圧力として観察されるのです。

━━ Column

物質の状態

　物質の状態として気体、液体、固体をあげましたが、他にもあります。結晶は分子の位置と方向が規則的になっています。一方液体は、この二つの規則性が同時に無くなっています。この中間に、片方の規則性は残っている状態があります。

　それが液晶状態と柔軟性結晶状態です。液晶状態は位置の規則性は無いですが、方向の規則性は残っている状態です。つまり、分子は動き回りますが方向だけは一定方向を向いている状態です。液晶分子の方向は電気を用いて人為的に操作することができます。これを利用したのが薄型テレビでお馴染みの液晶モニターです。柔軟性結晶は反対に、位置の規則性は残っているが方向の規則性は無くなった状態です。

　もう一つはガラス状態です。これは液体状態と同じく、規則性は何も無いが流動性も無い、つまり、液体が固体となった状態です。不思議でもなんでもありません。ガラスがこの状態です。

　六角形柱状の美しい結晶形をした水晶を加熱すると1600℃ほどで融けてドロドロの液体になります。これを冷ましても水晶の結晶には戻りません。ガラスになります。つまり、ガラスは凍った液体なのです。このような状態をアモルファスといいます。

表6-1　結晶の特徴

状態		結晶	液体	気体
規則性	位置	○	×	×
	配向	○	×	×
配列模式図				

気体の体積

結晶状態や液体状態の分子は互いに接しています。そのため、結晶や液体の体積は分子体積の総和とほぼ等しいと考えることができます。

それでは、気体の体積とはどのようなものなのでしょうか?気体が入った袋を考えます。袋が張力などの抵抗を及ぼさないとしたとき、気体が内側から押す力と、空気が外側から押す力が釣り合った時の体積を、その気圧の下での体積と定義します。

実験によって、気体は種類に関係なく、温度と圧力が同じとき、同じ体積となることが確認されています。

水で考えてみましょう。18g(1モル)の水の体積は18mL、0.018Lです。この水が水蒸気になると22.4Lになります。水蒸気の体積のうち、液体の水(18mL)の体積は0.08%に過ぎません。残りの99.92%は原子のない真空の体積なのです。つまり、水分子自体の体積は非常にわずかに過ぎないのです。

これが「全ての気体の体積は同じ」ということの中身です。分子の実体積など、気体の体積には関係ないのです。したがって分子の種類も気体の体積に関係ないのです。

6

6-2

状態の変化

前項で見たように、物質は温度や圧力が変化すると状態を変化します。それぞれの変化には固有の名前が付けられており、また、その温度にも固有の名前があります。

状態変化の名前

結晶は加熱されて融点になると融解して液体になり、液体は冷却されて融点になると凝固して固体になります。同様に液体は加熱されて沸点になると蒸発して気体に変化し、気体は冷却されて沸点になると凝縮して液体になります。特定の条件下では、液体は融点以下の温度でも液体のままでいることがあります。これを過冷却状態といいます。この状態の液体にショックを与えると一挙に結晶が析出します。

結晶は条件が許せば、加熱されると液体になるのでなく、直接気体に変化します。これを昇華といいます。二酸化炭素の結晶であるドライアイスが室温で気体の二酸化炭素になるのはこの変化です。タンスに入れる固体の防虫剤も昇華して気体になります。

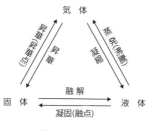

図6-2　状態変化

状態図

　物質がある温度T、ある圧力Pの下でどのような状態をとるかを表した図を状態図といいます。

　図6-3は二酸化炭素CO_2の状態図です。縦軸は圧力（気圧）、横軸は温度（摂氏）を表します。3本の線分、OA、OB、OCで3個の領域、固体、液体、気体に分けられています。温度T、圧力Pを表す点（T,P）が領域（固体）の中にある場合には二酸化炭素は固体（ドライアイス）であり、領域（液体）にある場合には液体、領域（気体）にある場合は気体であることを示します。

　また点（P,T）が線分上にある場合には、その線分を挟む両方の状態が共存します。つまり線分OA上にある場合には固体と気体の共存する状態、すなわち昇華状態であることを意味します。そのため線分OAを昇華線といいます。1気圧の横線と線分OAの交点の温度は-78.2℃になっています。これは1気圧のときには-78.2℃で昇華が起こることを意味します。昇華が起こっているときには、周囲から

131

加えられた熱は全て昇華のためのエネルギーに使われますから、ドライアイスの温度は-78.2℃に保たれます。そのため、ドライアイスは保冷剤に使われるのです。

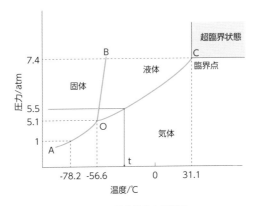

図6-3　二酸化炭素の状態図

臨界点

　線分OCは二酸化炭素の沸騰を表す沸騰線です。つまり、二酸化炭素の液体状態というのは5.1気圧以上の高圧状態で無ければ現れないのです。したがって、二酸化炭素を適当なタンクの中に入れ、圧力を例えば5.5気圧にし、温度をt℃にすると、液体の二酸化炭素は沸騰して気体になります。水の沸騰と同じことです。

　ところで、線分OCですが、この線分は何処までも続くわけではありません。点C、つまり7.4気圧、31.1℃で終わりです。この点Cを

臨界点といいます。そして臨界点より高温、高圧の状態を超臨界状態といいます。

　超臨界状態には沸騰線がありません。ということは沸騰という現象が起きないのです。ということは、気体と液体の区別がつかない特殊な状態ということです。

　超臨界状態の二酸化炭素は液体としての密度、粘度と、気体としての激しい分子運動を持ち、普通の状態の二酸化炭素とは異なった性質を持ちます。一つの例としては有機物をよく溶かします。そのため、有機化学反応の溶媒としての利用が進められています。二酸化炭素を溶媒に用いれば、反応後の廃液（溶媒）が格段に減少し、環境汚染を減らすことが出来るのです。

　超臨界状態（374℃、218気圧以上）の水は特に超臨界水と呼ばれ、液体の水と気体の水蒸気の性質をあわせ持ちます。超臨界水は有機物をも溶かすという強い溶解性や強い酸化能力を持っています。そのため、公害物質であるPCBの分解や、有機反応の溶媒として用いられます。

　二酸化炭素は水より緩やかな条件（7.4気圧、31℃）で超臨界状態になります。これらを用いると有機溶媒による公害の除去などが期待されるため、現在精力的な研究が行われています。

6

●━ Column

三重点

　状態図で点Oを三重点といいます。それは固体、液体、気体の3状態がここで接しているからです。なんとこの点では固体、液体、気体が同時に存在しています。水でいえば氷水が激しく沸騰しているような状態です。南極海がグツグツ沸騰したらさぞかしペンギンが驚くことでしょう。しかしそのような心配は無用です。自然の温度、気圧ではそのような現象は決して起こりません。二酸化炭素では-56℃という低温と5.1気圧という高圧が必要です。

6-3

液体空気と固体空気

　1気圧の水蒸気を冷やせば100℃で液体になり、液体の水を冷やせば0℃で固体の氷になります。つまり、水蒸気という気体を冷やせば液体になり、冷やせば固体になるのです。空気も水蒸気と同じで、液体や固体にすることができるのです。

空気の液体と固体

　空気を冷やせば液体空気という液体になり、更に冷やせば固体空気という固体になります。空気を冷やして、温度を-190℃にすると淡青色の空気の液体が得られます。つまり、空気の沸点は-190℃なのです。液体空気を更に冷やして-219℃にするとガラスのような固体空気となります。したがって空気の融点は-219℃ということになります。

　空気の主な要素は窒素と酸素の4:1混合物です。それぞれの沸点融点をみてみましょう。すると窒素は沸点-196℃、融点-210℃、酸素は沸点-183℃、融点-218℃であることが分かります。空気の沸点、融点と窒素の沸点、融点を比べると、沸点は空気の方が6℃ほど高く、融点は空気の方が9℃ほど低くなっています。

6

融点降下と沸点上昇

このように混合溶液の融点は純粋な溶媒の融点より下がり、反対に沸点は純溶媒より高くなる現象でありそれぞれ沸点上昇、融点降下といわれます。つまり空気の場合には多い成分の窒素が溶媒、少ない成分の酸素が溶質ということになります。そのため、空気の沸点は窒素の沸点より高く（沸点上昇）、空気の融点は窒素の融点より低く（融点降下）なったのです。

机の上にたくさんのミカンをピラミッド形に積むことを考えましょう。机を揺すってもミカンの山は簡単には崩れません。今度はミカンだけでなく、1個リンゴを混ぜたピラミッドを作ったとします。そして机を揺すってみるとあっという間に簡単に崩れてしまいます。

ミカンだけのピラミッドは純溶媒、つまり窒素の結晶、リンゴの混じったピラミッドはリンゴ（酸素）という溶質の混じった溶液の結晶です。崩れ難いということは、結晶を溶かすのに大きなエネルギー、すなわち高い温度を必要とすることを意味します。反対に崩れ易いというのは低い温度で崩れることを意味します。すなわち、溶液の融点は純溶媒の融点より低いのです。

分子量測定

空気の融点が窒素の融点より低くなったのはこのような理由だったのです。凝固点の降下は、溶けている溶質のモル数に比例し、溶質

の種類には無関係なことが知られています。溶媒1kgに1モルの溶質が溶けた時の溶媒の融点降下度をモル凝固点降下K_fといい、その値は溶媒によって異なります。

この関係を利用すると、溶質の分子量を決定することができます。つまりある溶媒1kgに未知の溶質W gを溶かしたとき、その溶液の融点がK_f℃だけ下がったとしたら、それはW gがその溶質の1モルだったことを意味します。つまり、この溶質の分子量はWである、ということになります。

沸点にも同じ関係が成り立ちます。沸点の場合にはモル沸点上昇K_bという数値が測定されており、それを利用すると溶質の分子量を決定することができます。

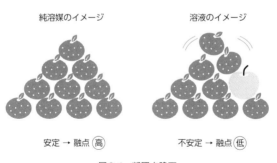

純溶媒のイメージ　　　　溶液のイメージ

安定 → 融点 (高)　　　不安定 → 融点 (低)

図6-4　凝固点降下

● Column

液体空気

　空気を180〜200気圧に加圧し、発生した熱を除去し、次はこの体積を増加させる（断熱膨張）と空気は冷却されます。これを繰返すと温度が次第に降下し、ついに空気は液化されて比重約0.87の淡い青色の液体空気が得られます。

　ちなみに液体窒素の比重は0.809、液体酸素の比重は1.14ですから、その4:1混合物の単純平均比重は0.92となります。液体空気の比重はそれより小さいですから、これは液体窒素と液体酸素を混ぜると体積が膨張することを意味しています。

　液体空気を精密に分留すると酸素と窒素が得られ，また，特別な分留によりアルゴンなどの希ガスを得ることができます。

気体状態方程式

気体の体積は温度、圧力によって変化します。気体体積に及ぼす温度、圧力の影響を表した式を気体の状態方程式といいます。化学で最もよく知られた関係式といってよいでしょう。

気体と温度、圧力

実験によって気体の体積は絶対温度に比例し $(V = kT)$、圧力に反比例する $\left(V = \dfrac{k}{P}\right)$ ことが明らかになっています。それを図6-5A、Bに示しました。

この二つの関係を一緒にしたのが式（1）です。ここでnは気体のモル数であり、Rは気体定数といわれる定数でどのような状態でも同じ値となります。

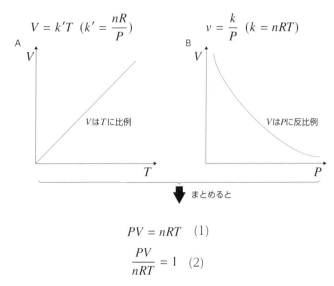

$$V = k'T \quad (k' = \frac{nR}{P})$$

A

V

T

VはTに比例

$$v = \frac{k}{P} \quad (k = nRT)$$

B

V

P

VはPに反比例

まとめると

$$PV = nRT \quad (1)$$

$$\frac{PV}{nRT} = 1 \quad (2)$$

図6-5　気体体積の圧力、温度との関係

理想気体

　式(1)を変形すると式(2)になります。つまり、(1)が正しければ(2)の値は圧力Pの値に関係なく常に1となるはずなのです。(2)の関係をいくつかの気体で実際に計測して比較したのが次の図です。このグラフを見ればわかるとおり、実測値は予測と大きくずれています。

　これは、状態方程式(1)が間違っていることを示すものです。なぜ、状態方程式は間違っていたのでしょうか?それは、状態方程式を導出するときに前提として考えた気体の性質が間違えていたからなのです。この時に考えた気体の性質は

①気体分子は体積を持たない。

②気体分子は他の分子や容器の壁との間に引力も斥力も持たない。

というものでした。これが間違いの元だったのです。気体分子はしっかり体積を持っていますし、他の分子や容器の壁とも分子間力に基づく引力を持っているのです。

　しかし、このような仮想的な気体分子を考えることは、理論形成の出発段階として重要なことです。そのため、この分子を理想気体分子と呼び、式（1）を理想気体の状態方程式と呼びます。

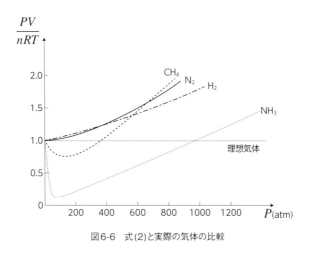

図6-6　式(2)と実際の気体の比較

実在気体の状態方程式

　理想気体に対して、実際の気体は実在気体と呼ばれます。実在気
体は分子体積を持ち、分子間力も持ちます。そして、このような実在
気体に使うことのできる状態方程式 (3) を実在気体の状態方程式、
あるいは考案者の名前を取ってファンデルワールスの状態方程式と
いいます。

$$(P + \frac{an^2}{V^2})(V - bn) = nRT \quad (3)$$

　この式のポイントは、二種のパラメータa、 bを用いたことです。a
は引力や斥力のような分子間力にかかわるパラメーターを、 bは無い
ものと仮定していた気体分子の体積を意味しています。このパラメー
タは気体によって異なり、その値はなんと実験によって決めるのです。
実験によって求めたパラメータを使って実験の値を再現するのですか
ら、合って当然といえばその通りです。

　とにかくこの式は自然界に存在する全ての気体によく合うことが確
かめられており、その結果、多くの気体に関してパラメータa、 bが
計測されて、データ集に記載されています。

液体に溶ける気体

溶液とは複数の成分を持った液体の事をいいます。私たちが日常生活で接する液体はほとんど全てが溶液です。化学反応も多くは溶液状態で進行します。溶液には固体や液体だけでなく気体が溶けている場合も珍しくありません。溶液とはどのような性質を持っているのでしょうか?

溶媒と溶質

溶液は液体が他の物質を溶かしたものです。溶かす液体を溶媒、溶かされる物質を溶質といいます。砂糖水なら砂糖が溶質であり、水が溶媒です。

溶質は砂糖 (ショ糖) や食塩 (塩化ナトリウム) のような結晶だけではありません。酒類は液体のエタノールが溶質であり、水道水には気体の空気が溶質として溶けています。

一般には「小麦粉を水に溶かす」といいますが、化学的に見た場合、小麦粉が水に溶けることはありません。化学的に溶けるということは

①溶質が一分子ずつバラバラになる。

②溶質分子が溶媒分子によって取り囲まれる。

ことが条件になります。

　小麦粉はものすごくたくさんのデンプンやタンパク質分子の集合体であり、一分子ずつバラバラになることは普通の条件ではありえません。だから、小麦粉は水に混じっているだけで、溶けることはないのです。つまり小麦粉を水に溶いた物体は、「溶液」ではなく「混合物」というべきものです。

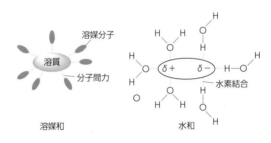

溶質 溶媒	イオン性 NaCl 塩化ナトリウム	有機物 バター	金属 Au 金
イオン性 H₂O　水	○	×	×
有機物 油	×	○	×
金属 Hg　水銀	×	×	○

砂糖

図6-7　溶媒と溶質の関係

溶解度

溶質が溶けるかどうかは溶媒との相性によります。溶質がある溶媒にどの程度溶けるのかの尺度を溶解度といいます。食塩は水に対する溶解度は大きいですが、油に対する値は小さくなります。

砂糖はお湯に良く溶けますが、水にはそれほど溶けません。図6-8は結晶性の物質が、ある温度において100gの水に何g溶けるかを表したものであり、溶解度の温度依存性を表すものです。

硝酸カリウムKNO_3の溶解度は温度の上昇と共に劇的に増加します。しかし塩化ナトリウム$NaCl$の溶解度は温度が上昇してもほとんど変化しません。このように、溶解度の温度依存性は物質によって異なります。私たちは、固体を溶かすには温度を高くすればよいと思いがちですが、必ずしもそうではないということです。

6

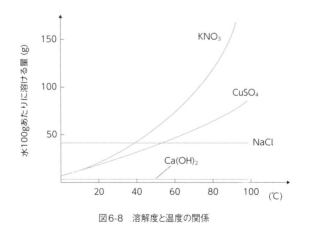

図6-8　溶解度と温度の関係

気体の溶解度

気体を液体に溶かした場合はどうでしょう？　図6-9は気体の溶解度の温度変化を表したものです。一目でわかるように、結晶の場合と反対です、つまり、温度が高くなると空気の溶解度は落ちるのです。

これは魚たちにとっては死活問題です。つまり、水温が高くなると、溶存空気、すなわち水中の酸素量が少なくなるのです。そのため、金魚鉢の金魚は空気中に顔を出して酸素を吸います。のんきにあくびをしているのではありません。

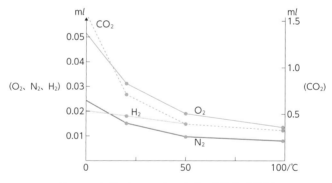

図6-9　1気圧で水1mlに溶ける気体の体積（標準状態）

気体の溶解度にはヘンリーの法則といわれる大切な法則が成り立つことが知られています。これは「液体に溶ける気体の"質量"は圧力に比例する」というものです。つまり、圧力が高いほどたくさん溶けるということです。

ところが、先に見たように、気体の体積は圧力に反比例します。したがって、圧力が高いほど気体の体積は小さくなり、このため液体に溶ける気体の"体積"に注目するとヘンリーの法則は「液体に溶ける気体の"体積"は圧力に関係しない」というように言い換えられます。

　物を溶かすのは液体だけではありません。気体も他の気体（物質）を溶かすことができます。空気には水蒸気が溶けています。

　水蒸気の空気に対する溶解度（飽和湿度）は低温になると下がります。つまり、地面近くでたっぷり水蒸気を吸った空気は高空に昇って温度が下がると、その水蒸気を保ちきれなくなります。通常なら、雲になって析出するのですが、「無理をして」こらえていることがあります。この様な状態を過飽和状態といいます。

　このような状態に刺激が加わると、余分になった水蒸気を雲として放出します。この刺激が飛行機であり、そのようにしてできた雲が飛行機雲なのです。

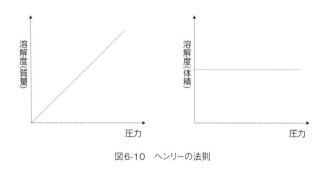

図6-10　ヘンリーの法則

溶液から蒸発する気体

　液体の表面からは液体分子が蒸発して気体となり、その気体となる分子による圧力である蒸気圧を示します。しかし、溶液の場合には、液体の成分は単一ではありません。溶質と溶媒があります。この場合、両者の関係はどうなるのでしょうか?

溶液の表面変化

　二種類の液体AとBを混ぜた溶液の表面の様子を考えて見ましょう。表面にはAとBの分子がその濃度に応じた割合で浮かんでいると考えられます。すると、Aが気化しようとするとBが表面で塞いでジャマをすることになります。Bも同様です。この結果、AもBも、単独でいる場合より気化する確率は低くなります。これは、AとBの混合した溶液の場合には、A、Bの蒸気圧はそれぞれ単独でいる場合より低くなることを意味します。

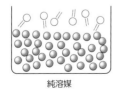

純溶媒

溶液

■ A　● B

図6-11　溶液表面の様子

溶液の蒸気圧

英国の科学者ヘンリーは、液体成分AとBからなる溶液の全蒸気圧P_Tは、Aの蒸気圧P_AとBの蒸気圧P_Bの和であることを見出しました。このように溶液における各成分の蒸気圧を特に分圧といいます。

次いで同じく英国の科学者であるラウールは、A、Bそれぞれの分圧は純粋のAの蒸気圧P_{AO}、純粋Bの蒸気圧P_{BO}に、A、Bそれぞれのモル分率を掛けたものであることを発見しました。モル分率というのは、溶液中に占めるA、Bの割合をモルで表したものです。

$$P_T = P_A + P_B$$
全圧　Aの分圧　Bの分圧

ラウールの法則

$$P_A = P_A^0 \frac{n_A}{n_A + n_B} \qquad P_B = P_B^0 \frac{n_B}{n_A + n_B}$$

$$P_T = P_A^0 + P_B^0 = P_A^0 \frac{n_A}{n_A + n_B} + P_B^0 \frac{n_B}{n_A + n_B}$$

ラウールの法則

数式の意味を言葉で表そうとすると大変にわかりにくいのですが、図で示すと大変にわかりやすくなることがあります。ラウールの法則もそのような例の一つです。

図Aは二種類の溶媒、ベンゼン（A）とトルエン（B）の溶液の蒸気圧P_Tと、その成分A、Bの分圧P_A、P_Bの関係を表したものです。

P_TがP_AとP_Bの和であることが良く分かります。そして、P_A、P_Bがそれぞれのモル分率で表されることも良く分かります。

しかし、他の溶媒の組み合わせで実験してみると、気体の状態方程式の場合のように、ラウールの法則に従う溶液は多くありません。つまり、図Bのアセトンとクロロホルムの例のように、直線関係が現われないのです。これはアセトン分子とクロロホルム分子の間に図に示したような引力が生じ、二分子の独立関係が損なわれたことによるものです。しかし、中にはベンゼンとトルエンのように、きれいな直線関係が現われる溶液もあります。そこで、このようにラウールの法則に従う溶液を特に理想溶液ということがあります。

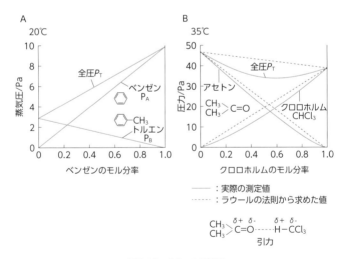

図6-12 ラウールの法則

第 **7** 章

気体分子の運動

7-1

数式で見る気体の圧力

　前章では物質の三態、すなわち、固体、液体、気体の三状態について見てきました。気体は分子が自分勝手に動きまわれる状態であると感じたのではないでしょうか。一方で、気体状態方程式のように、その状態の分子の挙動を簡単に表す数式を持っているのは気体状態だけのようです。これは気体だけが他の液体、固体とは異なる特別な性質を持っているからなのでしょうか?

　気体分子は、液体状態、固体状態の分子とは異なった運動をします。それは前章で見たように、気体分子は高速で飛行運動をしているということです。本章では、気体分子のこのような運動特性を前提に、気体分子の運動、つまり、運動速度、運動エネルギーなど気体の隠れた法則を見ていこうとする章です。正直をいうと、この章は少々レベルが高いかもしれません。しかし、この章の内容を知るか知らないか(理解するかしないかではありません)によって、分子の運動、更には分子の反応に対する考え方に大きな違いがでてくるものと思います。

気体分子運動論

気体分子の運動は、化学の中でも大きな理論領域を獲得している気体分子運動論として確立されています。それだけに、この分野を完全に理解するためには化学系の中でも、数式に詳しいことが必要となります。

ここでは気体分子運動論の中でも分かりやすい部分をできるだけ数式を省略し、代わりに図、グラフを用いてご紹介することにしましょう。

通常の気圧は1気圧（1013ヘクトパスカル）であり、台風が近づけば気圧はこの数値より下がります。気圧とは何でしょう?前章で見たように、気体分子は自由運動をしており、通常はジェット機並みの速度で飛行運動をしています。このような分子は、運動の結果、容器の壁（器壁）あるいは他の分子に衝突します。器壁に衝突すれば、それは器壁を押す力、すなわち圧力Pとして観測されることになります。

気体分子運動論ではこのような分子の運動を、エネルギー E、速度v、圧力Pなどを厳密に吟味して推論を重ねてゆきます。しかし、ここでは多少シンプルに考えてゆきましょう。

図7-1にしたがって、質量mの分子が速度v_xで飛行運動をし、その結果、分子が壁に垂直に衝突したとしましょう。このとき、当然分子は壁を押していることになります。圧力Pは、全ての分子がこの壁を押す力の総和ということになります。

7

　　速度と質量を掛けたものを運動量と呼び、1秒間で壁に与える単位
面積あたりの運動量が圧力となります。mv_xの運動量で壁に衝突した
分子は、衝突によって運動方向を逆転して同じ大きさの運動量で跳ね
返っていくとして考えます。1回の衝突による運動量の変化は，最初
の運動量の2倍の$2mv_x$となります。壁の方に注目すると、分子の運
動量の変化と同じ$2mv_x$の運動量が壁に及ぼされたと考えることがで
きます。

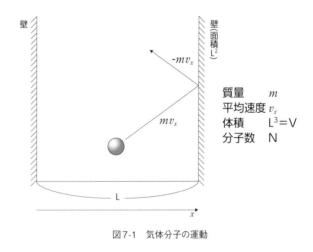

図7-1　気体分子の運動

　　次に分子が1秒間で壁に当たる回数を考えます。今回は容器を一
辺の長さがLの立方体とします。すると、往復で2Lの距離をv_xの速
さで進むので、1秒間に$v_x/2L$回壁と衝突することになります。壁の
面積はL^2となり、分子数をNとすると圧力は

$$P = N \times \frac{v_x}{2L} \times 2mv_x \div L^2 = \frac{Nmv_x^2}{L^3} = \frac{Nmv_x^2}{V} \cdots (1)$$

となります。ここでL^3は容器の体積と等しく、Vとしました。3辺の長さが異なる直方体で考えた場合でも分母が体積となります。余裕がある方は考えてみてください。

━━ Column　　　　　　　**気圧の単位**

　気圧には様々な単位があります。調べてみましょう。

　• mmHg、Torr（トル）…1気圧は高さ760mmの水銀（Hg）による圧力と等しくなります。この高さ1mmの水銀による圧力を1mmHgと表します。これは1 Torrと等しくなります。Torrは最初に計った科学者トリチェリーの名前をとりました。あまりなじみがない単位かもしれませんが、mmHgは血圧の単位で用いられているので、知らず知らずのうちに目にしている方も多いのではないでしょうか。

　• Pa（パスカル）、hPa（ヘクトパスカル）…水銀柱の質量を力の単位であるパスカルに直した単位です。ヘクトは100をあらわす接頭語でパスカルの100倍、つまり1hPa=100Paとなります。ヘクトパスカルは天気予報で気圧を表記する際に使われます。

　• mbar（ミリバール）…バールは圧力の単位であり、1bar=10^5Paです。1barの1000分の1となる1mbarは10^2Paとなり、hPaと同じになります。

　様々な単位が出てきましたが、まとめると1atm=760Torr=760mmHg=1013hPa=1013mbarとなります。

気体の速度

　ここまで圧力について計算してきましたが、ここからどんなことがわかるでしょうか?気体分子は飛行運動をしています。その分子の飛行速度はどれくらいなのでしょう。これは前項の考察と、気体状態方程式から求めることができます。

根平均二乗速度とはなにか?

　根平均二乗速度、見るからに分かりにくそうな名前ですが、理由を聞けばもっともだと思われる名前です。

　ここまでx軸方向の速度v_xだけを考えてきましたが、y軸、z軸方向の速度も考えた場合の速さをCとし、各方向への速度成分をそれぞれv_x、v_y、v_zとしましょう。Cは図のような直方体の対角線の長さを考えて

$$C^2 = v_x^2 + v_y^2 + v_z^2$$

の関係が成立します。

　v_x、v_y、v_zは分子ごとの運動の向きによってばらつきがあります。しかし、多数の分子全体の平均を考えると分子運動の方向は一方向

へ偏ることなく、すべての方向へ同じ確率で向きます。これを等方向的といいます。したがって、どの方向でも平均速度は等しくなり、

$$v_x^2 = v_y^2 = v_z^2 = \frac{1}{3}C^2$$

が成りたちます。これを先ほどの式 (1) に代入すると

$$PV = \frac{1}{3}C^2 Nm = nRT$$

であり、気体の状態方程式 $PV = nRT$ も使うと

$$C = \sqrt{\frac{3nRT}{Nm}} = \sqrt{\frac{3RT}{M}}$$

となります。Mは分子量です[*1]。気体分子の運動速度がこんなに簡単な式で与えられるというのは驚きではないでしょうか?この式は、気体分子の速度に関して重要な情報をもっています。それは次の二つです。

- 速度は絶対温度のルートに比例する。(温度が上がれば速くなる)
- 速度は分子量のルートに反比例する (重くなれば遅くなる。たとえば分子量が4倍になれば速さは半分になる。)

ということです。覚えておいて損が無いものと思います。

7

[*1] $\frac{Nm}{n}$ を考えると、分子のNmは1個mの質量を持つ分子がN個分ということで、合計の質量を表しています。この時の物質量がnモルなので、nで割ると1モル当たりの質量、つまり分子量Mが登場してきます。

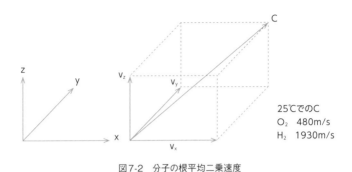

図7-2　分子の根平均二乗速度

三種の速度

気体の運動速度には、根平均二乗速度を含めて次の三種が定義され、目的によって使い分けられます。

・根平均二乗速度Cは上で見たものです。

・最大確率速度v_pは、この速度で運動している分子の個数が最も多い速度です。

・平均速度$\overline{C}$は全分子の速度を平均したものです。

以上三種の速度の関係は、下に示したようになります。

$$C = \sqrt{\frac{3RT}{M}}$$

$$v_p = \sqrt{\frac{2RT}{M}}$$

$$\overline{C} = \sqrt{\frac{8RT}{\pi M}}$$

図で見る気体分子の運動

　前項までは、非常に高度な気体分子運動論の、初歩的な部分を眺めて頂こうと思い、数式を見ながらご紹介しました。しかし、数式を一からたどるのでは、気体分子運動論の醍醐味をご紹介することは困難です。

　そこでここでは開き直って、数式を追うことはやめ、果実だけをご紹介していこうと思います。言うまでもありませんが、ここでの「果実」は全て、前項の数式に相当する、あるいはそれ以上の数式に裏打ちされていることは言うまでもないことです。

　気体分子は飛び回っていますから、当然衝突も起こります。むしろしょっちゅう衝突を繰り返していると言った方が良いでしょう。その結果、気体分子の運動速度は、ほとんど止まっているものから高速で飛んでいるものまでいろいろあることとなります。

気体を構成する多数の分子のうち、どれくらいの割合の分子がどれくらいの速度で飛行しているかを表したものを一般に速度分布といいます。

　運動速度の分布はマクスウェルとボルツマンの研究によるマクスウェル・ボルツマン分布が有名です。この分布によれば、速度の分布は温度と分子の質量（分子量）によって影響され、それぞれ図A、

Bのようになります。

　図Aによれば、低温の場合には分子速度の低いものが多いです。しかし高温になると速いものから遅いものまで広範に分布することがわかります。しかし、いくら高温になっても、ほとんど停止状態の分子もあることには注意すべきでしょう。

　また図Bによれば分子量の大きい分子は速度の遅いものが多いですが、分子量が小さくなると速いものから遅いものまで広範に分布することがわかります。

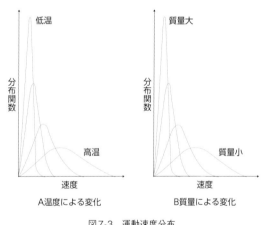

図7-3　運動速度分布

気体分子の運動エネルギー

　分子の持つエネルギーには様々な種類があります。結合エネルギー
もエネルギーですし、分子を構成する個々の原子の原子核が持つ原
子核エネルギーもエネルギーです。このようなエネルギーの中には、
未知のものもあるはずであり、したがって分子の持つ全エネルギーは
知りようがありません。

併進運動エネルギー

　それでは分子が運動する際に伴うエネルギーはどうでしょうか？　こ
ちらも実はたくさんあります。結合は固定されて動かないわけではな
く、伸縮運動や回転運動をしており、これらにはそれぞれの運動エネ
ルギーが付随しています。

　そこで、分子の重心が移動する運動だけを取り出して併進運動と
名付け、それに付随するエネルギーを運動エネルギーと呼ぶことにし
ます。するとこの運動エネルギーは他の物体の運動エネルギーと同じ
ように

$$E = \frac{1}{2}mv^2$$

7

で表されることになります。今回は1モルで考えることにします。この場合mに分子量M、vに前項で求めた根平均二乗速度Cを入れると

$$E = \frac{1}{2}MC^2 = \frac{1}{2}M\left(\sqrt{\frac{3RT}{M}}\right)^2$$

となり、整理すると

$$E = \frac{3}{2}RT$$

となります。

　この式に入っている変数は絶対温度Tだけです。分子によって異なる数値は何も入っていません。つまり、分子の種類に関係なく、気体分子の併進運動エネルギーは全て同様に表されるのです。なお、分子の運動エネルギーを三つの軸方向に分解すれば、等方向性の原理に従って、各方向全てが$E = \frac{1}{2}RT$となります。

運動エネルギー分布：ボルツマン分布

　先に見た速度分布と同じように、運動エネルギーにも分布があります。それは図のようなもので、研究者の名前をとってボルツマン分布と呼ばれます。

　この図によれば、分子が持つ運動エネルギーは低温であれ高温であれ、低エネルギーから高エネルギーまで広範囲に分布していることが分かります。しかし任意のエネルギー E_0 以上のエネルギーを持つ分子の割合を見ると、高温になるにつれて確実に増えることが分かります。

例えば、E_0を分子が反応を起こすために必要な最低エネルギー（活性化エネルギー）とすれば、反応を起こすことのできる分子が現われるためには一定以上の高温が必要ということになります。

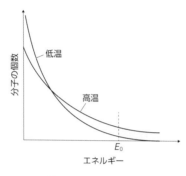

図7-4　ボルツマン分布

Column

活性化エネルギー

炭（炭素）は酸素と会うと反応して燃えて発熱します。しかし、炭が酸素と会うたびに燃えたのでは燃料店は大変です、ガソリンスタンドは軒並み火事になるでしょう。

炭を燃やすためにはマッチで火を付けなければなりません。つまり、炭が燃えて熱を出す前に、外部から熱（エネルギー）を与えなければならないのです。それは炭を活性化して反応しやすくするためです。

このためのエネルギーを活性化エネルギーといいます。特殊な反応を除いて、多くの化学反応は活性化エネルギーを必要とします。

第**8**章

気体が伝えるもの

音の媒体

　私たちは空気に包まれて生活しています。私たちに届く多くの情報は空気を通じて（媒体として）届きます。この章では各種の情報、熱、音、電気、香りなどを伝える物質としての空気を見てみましょう。

　私たちにとって、日常生活で最も重要な情報は視覚によるもので、次に大切なのは聴覚によるものしょう。しかし、危険を知らせる情報としては嗅覚も大切です。野生動物の多くは、視覚、聴覚で敵を察する前に嗅覚で察することが多いようです。

　視覚は光による情報です。光は特殊な信号で、伝達するのに媒体を必要としません。ニュートンの昔には光の媒体としてエーテルという仮想の物質を考えたようですが、現在では否定されています。少なくとも光を伝えるのに空気は必要ありません。

音波

　伝播の媒体として空気が必要なのは聴覚と嗅覚です。嗅覚は後に見ることにして、ここでは聴覚、つまり音について考えてみましょう。

　音はエネルギーの一種であり、物体を通して、疎密波ともいわれる縦波として伝わるものです。そのため、波としての特徴を持ちます。

波の特徴をあらわすパラメーターには振動数、波長、振幅、速度などがあります。波は音以外にも電磁波や地震波などがありますが、海岸に打ち寄せる波が一番馴染み深いのではないでしょうか? 海の波を考えた時、一定時間にいくつの波が来たかを振動数、ひとつの波から次の波までの距離が波長、波の高さを振幅、波が進むスピードを速度、というように考えるとよいかと思います。

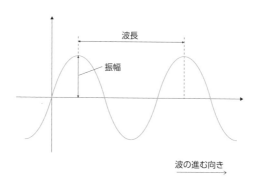

図8-1　波の様子

　目には見えない音も同じように振動数や波長などを持っており、このことから音波とも呼ばれます。波の速度vと振動数fと波長λの間には次のような関係があります。

$$v = f\lambda$$

　一定時間で振動した回数に一つの波の幅を掛け合わせたものが一定時間に進んだ距離、つまり速度と考えれば納得いくのではないでしょうか。この式を頭の片隅に置きながら気体と音の関係を見ていきましょう。

音速

　音波が伝わる速さを音速といいます。大気中の音速は室温でおよそ秒速344メートルです。そのため、1km先の花火を見た時、光はほぼ瞬時に目に届くのに対し、音は3秒ほどしてから聞こえます。

　音速は媒体によって異なり、波の伝わりやすさによって大きく変わってきます。液体の水中では1500m/s、固体である鋼鉄の棒では5000m/sになります。

　媒体の弾性率や密度は周囲の状況（環境条件）によって変化するため、音速も周囲の状況によって変化します。一般に最も大きく影響するのは温度です。例えば、大気などの気体中の音速は気温に依存します。

　日常生活上での音速は近似的に温度のみの一次式で表わされ、1気圧の乾燥空気では331.5 + 0.61t（tは摂氏温度℃）となります。しかし媒質が固体の場合には反対に高温になると速度は落ちます。

　媒質が気体または液体のような流体の場合は縦波しか伝播できません。媒体が固体の場合には縦波・横波・曲げ波・ねじり波などとして伝播することができます。地震波がこのようなものに相当します。

　媒体が固体の場合には、縦波が速く、横波（ねじれ波）は遅れて伝わります。録音した自分の声が、普通の声と違って聞こえるのは、普段聞こえている自分の声は骨伝導による音波が影響しているものであるからだと考えられます。

振動数と音の高さ

　音波の振動数は音の高低という形で確認することができます。振動数が大きいほど高い音になります。人間の声は1秒間に500～1000回ほど振動して耳に届いています。この時振動数の単位であるHz（ヘルツ）という単位を使って500～1000Hzのように表します。

　気体中を音が伝わる場合には、概ね分子量が小さい物質ほど速くなります。例えば、媒質が空気（平均分子量29）の時よりヘリウム（分子量4）の時の方が音速は約3倍速くなります。ヘリウムを含むガスを吸入してしゃべるとかん高い声になる現象が知られています。これは声帯の中を伝わる速度が速くなり、それに伴って振動数が増加した音波が空気中を伝わり声が高くなったように聞こえます。

　音の高低が変化して聞こえる例はほかにもあります。街を歩いていて救急車に会った時に、そのサイレンの音が変化するのに気付いたことは無いでしょうか?つまり、救急車が近づくときにはサイレンの音（音程）は高く、目の前を通り過ぎると途端に音程が低くなるのです。

　これは錯覚ではありません。実際に、耳に聞こえるサイレンの音程が変化しているのです。しかし、サイレンが発する音の周波数が変化しているわけではありません。

　音の発生源が自分に近付く場合には、波の振動が詰められて周波数が高くなり、逆に遠ざかる場合は振動が伸ばされて低くなるのです。この現象を、発見者の名前をとってドップラー効果といいます。

8

169

　観測者も音源も同一直線上を動き、音源S（Source）から観測者
O（Observer）に向かう向きを正とすると、観測者に聞こえる音波
の振動数f'は、

$f' = f \times (V - v_o) / (V - v_s)$

　　f：音源の出す音波の振動数、　V：音速、　v_o：観測者の動く速度、

　　v_s：音源の動く速度

となることが明らかになっています。

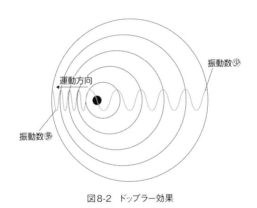

図8-2　ドップラー効果

音圧

　音の大きさは音波の振幅、あるいは音圧によって表されます。音
圧は音波によって引き起こされる周囲からの圧力のずれと考えること
ができます。そのため、音圧の単位は気圧と同じ単位、パスカル
（Pa）で表されます。

人間が普通に聞くことができる音（可聴音）の範囲は、周波数で20
～2000Hzです。ところが人間の聞くことのできる音圧は0.00002Pa
から20Paと100万倍にもなります。これでは数字が大きくて不便な
ので、10増えるごとに10倍となる表示方法のデシベル（dB）をよく
用います。10dB増えると10倍、20dB増えると10×10＝100倍
の音圧ということになります。人間の耳の感度は周波数によって異な
り、同じ音圧の音でも周波数が異なると大きさが違って感じられます。

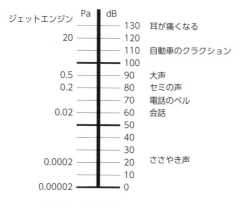

図8-3　音圧と音圧レベル

衝撃波

　音の発生源の移動速度が音速を超えるとき、発生源の後方に円錐
状になって現れる音波を衝撃波といいます。衝撃波は非常に大きいエ
ネルギーを持つので、超音速飛行機などによる超音波が地上に届く

171

と、大音響とともにガラスが割れるなどの被害が出ることがあります。

　音速の何倍の数値かを示す単位をマッハと呼びます。現在は運航していない超音速ジェット旅客機、コンコルドは音速のおよそ2倍、つまりマッハ2の速度を出すことができました。現在運航されているジェット機の速度がマッハ0.8程度なのですさまじい速さです。このコンコルドが引退を余儀なくされた理由の一つは衝撃波の大きさだったといいます。コンコルドが実際に超音速飛行をできたのは洋上に出てからのことだったといいます。

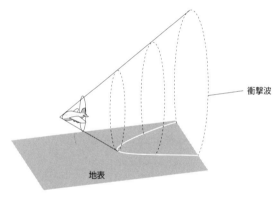

衝撃波

地表

図8-4　飛行機から出る衝撃波

熱の媒体

　熱は単純なようですが、結構複雑です。温度というのは分子が運動するエネルギーによって表されます。分子の運動が激しければ高温であり、穏やかなら低温です。熱の伝わり方には3種類あります。伝導、輻射、対流です。

　このうち伝導は固体の媒体を通じての熱移動であり、これは媒体の分子が熱源から他方に向けて徐々に分子運動の領域を移動したことによるものです。いっぽう、輻射は分子の運動ではなく、電磁波によるエネルギー移動です。この場合の電磁波は赤外線であり、可視光線より若干波長が長いものの、光の類似体であることに間違いはありません。ですから、輻射に媒体は必要ありません。空気を媒体として熱が移動するのは対流になります。

対流

　対流は空気の密度が変化することによる移動が基本となって起こる現象です。対流による熱の移動の身の周りの例は、送風機能をもたない単純なストーブによる室内の暖房です。ストーブをつけると、ストーブ付近の空気は加熱されて膨張し、まわりの空気よりも低密度に

8

なるため、浮力によって上昇します。すると、これと入れ替わってまわりの低温の空気がストーブ近傍に引寄せられてきます。引き寄せられた空気が加熱されると、上と同じ過程が繰り返されて加熱され、継続してゆきます。これが対流の仕組みです。

このような自然対流は、地域規模、地球規模でも起こっているのであり、気象の基本原因ともなっています。これに対して温風暖房機（ファンヒーター）では、暖房機内のファンにより室内の空気が暖房機内に吸込まれ、ヒーターの周囲を流れることにより加熱されます。この空気がファンによって室内に吹き出されて周囲の低温の空気と混じってゆきます。つまりこの場合には、ファンによる強制対流が熱エネルギーの輸送に大きく貢献しています。

ウォーターオーブン

熱移動は調理においても重要であり、焼く、煮る、炒めるなどの加熱操作は調理の基本テクニックです。このうち、対流を主に利用しているのはオーブンです。オーブンの中では空気が循環し、熱源の熱を食品に伝えています。

最近注目されているのが水を利用して食品を焼くウォーター（スチーム）オーブンです。このオーブンは水を熱媒体として魚を焼く、ということで話題を集めましたが、決して液体の水（お湯）で魚を焼くわけではありません。

水を加熱すると100℃で沸騰して水蒸気になりますが、その水蒸気をさらに加熱した100℃以上の気体を過熱水蒸気といいます。この過熱水蒸気が、魚を焼くのです。水蒸気というと湯気が思い浮かぶ方もいるかと思いますが、水蒸気と湯気は全くの別物です。湯気は霧と同じで細かな水滴の集まりですが、水蒸気は完全な気体であり、酸素や窒素や二酸化炭素と同じです。

　ですから、普通のオーブンで、加熱された窒素や酸素の対流によって魚を焼くのと同じように、ウォーターオーブンでは水の気体で魚を焼くのです。

　さらにウォーターオーブンは他のエネルギーも利用します。それは、気体である水蒸気が液体である水に物質の状態（相）が変化するときのエネルギーです。このエネルギーを相変化エネルギーといいます。

　身近な例でいうと、夏の暑い日に打ち水をすると周りが少しヒンヤリ涼しくなります。ウォーターオーブンではこれと反対に水蒸気が水に戻るときに起こる発熱を利用するのです。

　冷たい食材に触れた過熱水蒸気（気体）は、その温度差で冷やされて水（液体）に戻ります。このときに食材に熱（凝縮熱）が与えられるのです。一般的なオーブン（熱風）ウォーターオーブンと比べると、たとえ庫内が同じ温度だとしても、この凝縮熱の分だけ加熱力が大きいということになります。計算すると約8倍ものエネルギー（熱量）の差があることが知られています。

8

8-3

電気の媒体

　一般に水や空気は電気を流さないといいます。つまり空気は絶縁体だというのです。しかし、夜空に光る稲妻は空気中に鋭い光の線を描きます。これは電気が通った跡では無いでしょうか?ということは、空気も電気を通すのではないでしょうか?

　厳密にいうと、純水も空気も電気を通します。問題は電圧です。水や空気は電気伝導性が低いので、電圧が低ければ電気を通しません、しかし電圧が充分に高ければ電流は流れます。

　電流は電子の流れです。電子が媒体の中を移動するときには、媒体の中に電子、あるいはそれと同格のイオンが存在することが必要です。水分子H-OHは分解（電離）するとH^+という水素イオンと、OH^-という水酸化物イオンというイオンを生じます。

　一般に純水は電離しにくいのですが、非常に低い割合で電離してイオンを生じています。このため、電圧をかけると、このイオンが動いて電流を流します。

空気は電気を通す？

　空気も同様です。地表の空気は宇宙からの放射線などによって非常に微量ですが電離してイオンができています。このため、電圧をかけると、ごくわずかですが電流が流れます。これが稲妻として私たちの目に見えるのです。

　しかし、水も空気も流れる電流はごくわずかで大抵の場合には無視できるほどのレベルなので、通常は水も空気も「電気を通さない」として扱っているのです。

　稲妻には空気中の窒素をアンモニアNH_3等の分子に変える作用があることが知られています。これを空中窒素の固定といいます。窒素は植物の三大栄養素の一つであり、植物の葉や茎などの本体を作る重要な元素です。

　しかし、マメ科の植物などの例外を除いて、多くの植物は空気中の窒素分子N_2を肥料として利用することはできません。ところが、稲妻が光るとアンモニアができ、アンモニアはやがて変化して植物が利用できる窒素肥料に変化するのです。つまり、稲妻の多い年は農作物が良く実ったのです。

　稲妻が稲の「妻」、つまり、稲の「奥さん」といわれるのはこのような「内助の功」のおかげなのです。昔の人はよく知っていたのですね。

8

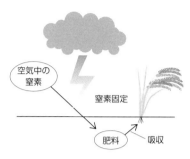

図8-5　稲妻による窒素固定

> ⟜ Column
>
> ## 球電
>
> 　球電は空中を発光体が浮遊する現象で、以前はUFOのように疑惑の目で見られていましたが、最近は信憑性のある話として市民権を得て来たようです。
>
> 　目撃例の多くは、光を放つ直径10〜30cm、大きければ1m位の球体が空中を数秒から数十秒浮遊するというものです。移動中の金属体を追いかける、送電線などの細い金属を蒸発させる、などの特異な性質をもちます。大抵は雷雨の時に現れます。正体については諸説ありますが、自然発生したプラズマのかたまりという説が有力です。
>
> 最近では2004年夏に、福岡県久留米市上空で青い球電が目撃されています。そのとき同地では雷雨による大規模停電が発生していました。

8-4

香りの媒体

　香りは香りの元になる香分子が嗅覚器官の細胞膜に結合することによって起こる現象です。私たちが匂いを感じる器官は鼻ですが、その鼻にあって特に匂いを感じとる作用をする細胞を嗅細胞といいます。

　例えばバラの香り分子は、バラを離れて空気中を漂って嗅細胞に達します。つまり空気は香り分子にとって大切な媒体なのです。問題は、嗅細胞が香りとして感じるために必要な香り分子の個数です。

　嗅覚の特徴は鋭敏なことです。人間の嗅覚は犬に比べれば1万分の1程度といわれますが、それでも6畳の部屋に0.001mg（100万分の1g）あるだけで感知される匂い物質もあるといいます。

　これは数gないと正確に味を見ることができない味覚と比べたら驚くべき鋭敏さというべきでしょう。

　香りを感知できる最小の量をその香り分子の閾値（いきち）といいます。閾値が小さいほど感知されやすい、すなわち香りの強い精油ということになります。

　図は香り分子の閾値とその分子の親水性の関係を表したものです。縦軸は閾値の相対値を表すので、グラフの上に行くほど香りは弱くなります。一方、横軸は精油の親水性の対数（横軸）を表したものです。横軸の対数にはマイナス（−）がついていますから絶対値が小さ

8

くなるほど、すなわち右に行くほど親水性が大きくなります（pHと同じ
です）。

　このグラフは、香り分子の親水性が大きくなると香りは弱くなること
を示しているものと解釈されます。

　これは香り分子と嗅覚細胞の結合が親水性のものではなく、疎水
性のものであることを示すものと考えられています。

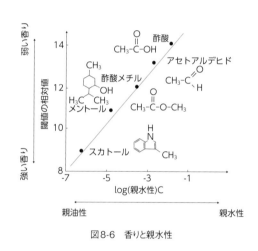

図8-6　香りと親水性

低周波、高周波振動

　一般の大人が聞き取ることのできる音の周波数範囲は20ヘルツから2万ヘルツといいます。特に低い周波数のものを低周波、高いものを高周波あるいは超音波といいます。

低周波音

　低周波音とは、一般に周波数100Hz以下の音を指します。したがって、ヒトの聴覚では感知できないような低い周波数の音も含まれますが、そのような音でも振動などとして体で感知できる場合があります。

　この音域は多くの楽器で基音が含まれる周波数帯域であり、音楽において重要な音域とされます。音楽再生においては、この帯域をより正確に容易に再生するべくサブウーファーと呼ばれる低音域専用のオーディオ機器の導入が試みられる場合もあります。

　最近、低周波が問題になるのは公害問題としての場合が多く、この場合には低周波騒音と呼ばれることが多いようです。また、以前は低周波空気振動と呼ばれていたこともあります。

　低周波音の影響は、住宅などの建物や建具のガタつきとして現れ

8

る場合や、人体への種々の影響、つまり健康被害が出る場合があります。

　特に、低周波音は耳に聞こえない低い唸り音であり、これは障害物を通しても回り込む特性があるので防御壁等での対応はほとんど意味をなしません。

　また、20Hz以下の音は超低周波音と呼ばれます。この帯域では、相当に強い音圧でなければ、通常ヒトには知覚できないのですが、窓等がガタガタと鳴るなどの共鳴が起きる原因となります。

高周波音・超音波

　超音波は人間の耳には聞こえない高い振動数をもつ音波です。超音波は人に聞こえないというだけで、音波としての特性は可聴域の音波となんら違いはありません。超音波はさまざまな分野で利用されています。

　超音波の周波数の下限は2万ヘルツですが、上限は特に規定されていません。現在の科学技術では数ギガヘルツ（1秒間に1,000,000,000回以上）もの超音波が発生できるようになっています。

　超音波は指向性が高く、うまく使えば高解像度な探知に使うことができます。医療面での胎児の診断や、血管障害、ガンなどの診断には有効な手段として多用されています。

音波に関しては次のようなエピソードもあります。2017年9月、米国務省はキューバから米大使館員の半数以上を帰国させると発表しました。その理由は、多数の在キューバ米大使館の職員が、聴覚消失、めまいや頭痛、倦怠感や内臓機能障害、認識能力障害、睡眠障害など幅広い身体的な症状を訴えているというものでした。職員たちにいったい何が起きたのでしょう?被害者たちの中には、ベッドで横になった時に振動と耳をつんざくようなノイズを感じたと言う者もいましたし、一方で何もノイズを感じていないまま健康被害を受けた者もいました。これは何らかの音波によるものであるとの指摘が出ています。

8

8-6

空気砲による分子搬送

　段ボールの箱の一面に丸い穴を空け、適当に色のついた煙、ある
いは霧などを入れます。穴を前面に向けて側面を強くたたくと、穴か
ら煙や霧が押し出されます。このような装置を、空気を大砲の弾のよ
うに飛ばす装置ということで空気砲といいます。

空気砲の原理

　空気砲によって飛ばされる空気を見ると、ドーナッツ状の渦輪になっ
ており、図のように回転しているので、遠方に達しても渦輪の形は簡
単には崩れません。空気砲で渦輪が発生するのは、空気の持つ粘性
によるものです。空気砲の吹き出し口を通過する空気が、空気のもつ
粘性により吹き出し口の縁の周囲に引っ張られることで流速が落ちま
す。

　他方、吹き出し口の中央を通過する空気は押し出される圧力のまま
通過し、周囲の空気との間に流速差が生じます。この流速差は気流
を回転させる効果を生み、渦輪を発生させるのです。

　空気中での粘性効果は比較的小さいため、気流の回転運動はあま
り衰えずに移動していきます。発生した渦輪は、ドーナツ状をしてお

り、空気がドーナツの芯に巻き付くように回転しながら並進運動を続けてゆきます。

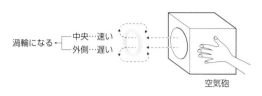

渦輪になる←┌中央…速い
　　　　　　└外側…遅い

空気砲

図8-7　空気砲

空気砲の応用

空気砲によって移動する渦輪の空気は、出発の瞬間には空気砲の箱の中に入っていた空気です。それが渦輪の形を保ったまま、遠方に移動するのです。

これは音波とは基本的に異なります。音波も遠方に伝わりますが、それは振動が伝わるだけで、空気そのものは元の場所で振動運動をしているだけです。決して移動はしません。空気砲のこのような性質を利用すると、気体を集合状態のまま遠方に届けることが可能になります。

この性質を利用して香料の遠方搬送が検討されています。つまり、香りを遠方の被験者に届けようとしたら、その途中にいる人にも香りが届いてしまいます。それを、途中の人には感づかせることなく、遠方の被験者にだけ届けるというものです。

この方法が成功したら、特別な装置を装着させることなく局所的な空間の香りを切り替えることができるものと思われます。

　また、冷気や暖気をかたまりにした状態で利用者まで直接的に輸送し、利用者周囲の局所空間を集中して調温する空調技術も実現できそうです。空気砲は子供の科学おもちゃのように思われていましたが、本格的な応用技術の開発が進行しています。

索引

■執筆者略歴

齋藤　勝裕（さいとう　かつひろ）

1945年新潟県生まれ。東北大学理学部卒。東北大学大学院理学研究科博士課程修了。名古屋工業大学大学院工学研究科教授を経て、現在は名古屋工業大学名誉教授。理学博士。専門分野は有機化学、物理化学、光化学、超分子化学。主な著書に『気になる化学の基礎知識』『入門！超分子化学』『毒の事件簿』(以上、技術評論社)、『光と色彩の科学』(講談社)、『数学いらずの化学シリーズ』(化学同人)、『料理の科学』、『汚れの科学』(以上、ソフトバンククリエイティブ)ほか多数。

●装丁
　中村友和（ROVARIS）

■本文デザイン、DTP、イラスト
　株式会社トップスタジオ

知りたい！サイエンス

化学の目で見る気体
―身近な物質のヒミツ―

2020年　10月3日　初版　第1刷発行

著　者　　齋藤勝裕
発行者　　片岡　巌
発行所　　株式会社技術評論社
　　　　　東京都新宿区市谷左内町21-13
　　　　　電話　03-3513-6150　販売促進部
　　　　　　　　03-3267-2270　書籍編集部
印刷／製本　昭和情報プロセス株式会社

定価はカバーに表示してあります。

ISBN978-4-297-11641-5　C3043
Printed in Japan